U0159155

视角

〔英〕吉莲·邰蒂(Gillian Tett)·著

董子维·译

Anthro-Vision

中国出版集团

中译出版社

图书在版编目（CIP）数据

视角 /（英）吉莲·邰蒂 (Gillian Tett) 著 ; 董子
维译 . -- 北京：中译出版社 , 2023.1
    书名原文：Anthro- Vision
    ISBN 978-7-5001-7199-7

    Ⅰ . ①视… Ⅱ . ①吉… ②董… Ⅲ . ①人类学—研究
Ⅳ . ① Q98

中国版本图书馆 CIP 数据核字（2022）第 208300 号

著作权合同登记号：01-2022-4883

视角

SHIJIAO

出版发行 / 中译出版社
地　　　址 / 北京市西城区新街口外大街 28 号普天德胜科技园主楼 4 层
电　　　话 /（010）68005858，68358224（编辑部）
传　　　真 /（010）68357870
邮　　　编 / 100088
电子邮箱 / book@ctph.com.cn
网　　　址 / http ://www.ctph.com.cn

策划编辑 / 张孟桥　吕百灵
责任编辑 / 吕百灵　范　伟
营销编辑 / 白雪圆　喻林芳
封面设计 / 仙境设计
排　　版 / 邢台聚贤阁文化传播有限公司
印　　刷 / 中煤（北京）印务有限公司
经　　销 / 新华书店

规　　格 / 880 毫米 ×1230 毫米　1/32
印　　张 / 10.25
字　　数 / 180 千字
版　　次 / 2023 年 1 月第 1 版
印　　次 / 2023 年 1 月第 1 次
ISBN 978-7-5001-7199-7　　　　　定价：89.00 元

版权所有　侵权必究
中 译 出 版 社

谨此纪念

露丝·维尼弗雷德·泰特和凯瑟琳·露丝·吉利（泰特）

她们既能在"熟悉"中获得快乐

也能在"陌生"中保持好奇

"最不受质疑的假设往往是最值得怀疑的。"

——保尔·布罗卡

"研究是真正的好奇心。它是有目的的摸索和探究。"

——佐拉·尼尔·赫斯顿

目　录

前言　新人工智能　/ i
人类学工作之智之能

第一部分　把"陌生"变熟悉

第1章　文化冲击　/ 003
人类学到底是什么

第2章　船货崇拜　/ 035
为什么全球化会让英特尔和雀巢公司感到吃惊

第3章　传染病　/ 065
为什么单靠医学无法控制疫情

第二部分　把"熟悉"变陌生

第4章　金融危机　/ 093
为什么金融家会误读风险

第5章　公司内的斗争　/ 121
为什么通用汽车的会议失算了

第6章 "怪异"的西方人 / 143
为什么我们需要狗粮和日托

第三部分 倾听社会沉默的声音

第7章 "大大的" / 173
我们错过了关于特朗普和年轻人的哪些方面

第8章 剑桥分析公司 / 191
为什么经济学家会在网络里挣扎

第9章 居家工作 / 221
为什么我们需要一间办公室

第10章 道德财富 / 255
什么是可持续发展的真正驱动力

结语 亚马逊到亚马逊 / 281
如果我们都像人类学家那样思考,世界会怎么样

后记 致人类学家的一封信 / 295

鸣谢 / 301

前言

新人工智能
人类学工作之智之能

"鱼根本注意不到水的存在。"

——拉尔夫·林顿（Ralph Linton，美国人类学家）

1992年5月，我静静地坐在一家酒店的房间里。外面战火声不断，打得窗户乒乓作响。房间里的另一边，在铺着难看的棕色毯子的床上坐着马库斯·沃伦，他是一位英国记者。我们已经被困在酒店里好几个小时了，窗外街道上的硝烟正席卷着塔吉克斯坦的首都——杜尚别。我们不知道有多少人已经失去了生命。

"你以前在塔吉克斯坦做什么？"在我们紧张地听着窗外战火的声音时，马库斯突然间问我。直到一年以前，这个与阿富汗接壤的多山国家似乎还将永属苏联，永享和平。但是1991年8月，苏联政权崩溃了。苏联的解体将这个国家推向了独立，也激起了内战。在这里，马库斯和我作为记者分别为《每日电讯报》（*Daily Telegraph*）和《金融时报》（*Financial Times*）工作，报道战局情况。

不过我们工作履历没那么寻常。在加入《金融时报》之前，我为了取得人类学博士学位在塔吉克斯坦做过调研。人类学，是一门经常被忽视、有时被嘲笑为无用的学习社会文化的社会学分支领域。和之前几代人类学家一样，我也曾投身于实地调研——将自己沉浸在一个离杜尚别三小时车程的高山村落里。那时，我住在当地的一个家庭里，力求做一个"在局内的局外人"，近距离观察这些村庄，通过探索当地人的习俗、价值观、社会模式、语言文字来研究他们的文化。我探索了很多，例如：他们信仰什么？他们如何定义一个家庭？"穆斯林"代表什么？他们如何看待共产主义？怎么定义经济价值？他们如何规划自己的空间？总而言之——在苏维埃制度时期的塔吉克斯坦生活意味着什么？

"那你具体研究的是什么？"马库斯问。

"婚姻仪式。"我回答。

"婚姻仪式！"马库斯用疲惫而沙哑的声音惊呼道，"研究这玩意儿的意义是什么？"他的问题其实隐含了一个更重要的问题：为什么会有人来到一个西方人无法理解的多山国家并全身心地研究这里奇异的文化？我很理解他的反应。正如我之后在博士论文中所提到的一样："当杜尚别的街道上还不断有人死去时，研究这里的婚姻仪式确实让人感觉很陌生，乃至无关紧要。"

这本书的目的很简单：回答马库斯的问题，并解释这门很多人（错误地）认为专门研究"陌生事物"的学科对于现代世界的重要性。人类学像一个知识框架，允许我们从细节中了解不能一目了然的事物，发现隐匿于市的东西，产生对他人的同理心和对问题的新见解。当我们应对气候变化、大流行疫病、种族歧视、社交媒体霸权、人工智能、金融动荡、政治冲突等接踵而来的问题时，我们显然比任何时候都需要这个知识框架。我的职业生涯向我证明了这一点。如本书所述，自从我离开塔吉克斯坦，我继续从事记者工作并利用我的人类学所学来预测和理解 2008 年的金融危机、特朗普的平步青云、2020 年的新冠病毒肺炎疫情、可持续投资的潮流和数字经济的发展。这本书同样会解释，人类学对于企业高管、投资家、决策者、经济学家、技术人员、金融家、医生、律师，乃至会计师来说，现在和过去都有价值。这些想法对理解网络上的亚马逊商城和南美洲的亚马孙雨林，都同等重要。

为什么？因为我们曾经用来驾驭世界的工具都不能很好地发挥作用了。近年来，我们经历过经济预测的失灵，政治民意调查的差错，金融模型的失败，科技发明变得危险，消费者调查的混淆视听。这并不是因为上述工具是错误或无用的，问题在于它们并不完整。对这些工具的使用脱离了文化和社会背景：人们在创造它们时假定了世界能被干净利落地勾描出界线，或者被某一组参数精准描述，导致眼光并不长远。当世界非常稳定，当过去的经历能预测未来时，上述工具可能行之有效。但它们无法指导一个不断变化的世界，一个被西方军事专家形容为"不稳定性、不确定性、复杂性、迷茫性"并存的世界。更不用说当我们同时面对"黑天鹅"（如纳西姆·尼古拉斯·塔勒布所说）、"极端不确定性"（如经济学家默文·金和约翰·凯所说）和一个"未知的"（如玛格丽特·赫弗南所说）未来时。

换言之，试图仅用在20世纪形成的工具（如死板的经济模型）去驾驭21世纪，就好像试图在夜间只用指南针通过黑暗的森林。你的指南针做工很精巧，准确告知你该往哪个方向走；但如果你只盯着表盘看，你可能会撞上一棵树。管中窥豹是致命的，我们需要跳出管子。我们需要人类学来赋予我们更宏观的视角。

这本书将会就如何建立人类学视角展开详细讨论，并通过个人和第三方的经历探讨各种问题：我们为什么需要一间办公室？投资者们为什么会误判风险？对于现代消费者来说，什么是最重要的？经济学家们应该从"剑桥分析"事件中明白什么？绿色经济被什么所驱动？政府该如何"重建美好"？文化如何和计算机交互作用？在进入正题之前，需要先了解三条有关人类学思维模式的核心原则，也是这些原则塑造了本书的结构。

第一，在这个全球化的时代，我们迫切需要一种和陌生人换位思考、理解多元价值观的能力。人类学家是这方面的专家，因为人类学研究的一大任务就是去到偏远未知的地方，考察看上去"陌生"的人类族群。听起来很像是印第安纳·琼斯①会做的事情，但是这个标签是具有误导性的。"陌

---

① 印第安纳·琼斯是《夺宝奇兵》系列电影的主角。——译者注

生"的定义因人而异——每一种文化相对另一种文化来说都陌生奇异,而在全球化的世界里,没有人能做到对陌生奇异的事物视而不见(或者像美国前任总统特朗普一样认为其他文化是"下三烂"的,对其不屑一顾)。我们被资金、贸易、旅游和通信的纽带联结,推动着不仅是病菌,更是金钱、想法、潮流的持续蔓延。然而,我们对于他人的理解并没有跟上我们相互连接的脚步,这带来了一定风险,也导致许多机会被不幸错失(第三章将会说明,如果西方的决策者肯花一些心思向西非或者亚洲那些"奇怪"的国家学习经验,他们本可以不必成为新冠病毒肺炎疫情下的牺牲品)。

第二,学会倾听他人的观点,无论他们的想法多么"奇怪"。这带来的不仅是对他人的同理心(当今的我们急切需要同理心),还能帮助我们更好地认识自己。正如人类学家拉尔夫·林顿所观察到的一样,鱼根本注意不到水的存在;只有在有他人做对比时,人类才更容易理解人类。或者如另一位人类学家霍勒斯·迈那(Horace Miner)所提出的:"众科学之中唯有人类学会尝试熟悉陌生事物,陌生化熟悉的事物。"其目标是加深我们对于以上两者的理解。

第三,"陌生—熟悉"的理念有助于我们看见自己和他人身上的盲点。人类学家和心理医生很像,不过人类学家不会把人安置在躺椅上，而是把人放置于自己的学科透镜下，去看见人们集体固有的偏见、观念和认知模型。再打个比方，人类学家就像在透过 X 光审视社会，从而看见只被我们隐约意识到的、隐藏着的社会规律。我们可能会发现，许多事情的原因或许与我们原先的假设不一致。

让我们看一个保险业的例子。在 20 世纪 30 年代，美国康涅狄格州哈特福德火灾保险公司的高管们注意到，装油桶的仓库不断发生爆炸事故，却没有人知道原因。该公司派了一位名叫本杰明·沃夫的防火工程师去调查。沃夫是一名训练有素的化学工程师，而且他还在耶鲁大学做过人类学和语言学的研究，以美国霍皮族原住民社区为研究重点。因此，他以人类学家的思维方式来调查这个问题：他观察仓库工人，注意他们的言行，试图在不做预判的情况下去了解一切。他对蕴含在语言中的文化假设（Cultural Assumptions）特别感兴趣，因为他知道同一词汇在不同语言中有不同的含义。以季节为例，在英语中，"季节"是一个名词，由天文历法定义（比如大家说"夏天从 6 月 20 日开始"）。但在霍皮语及其世界观中，"夏天"却是一个副词，由热度定义，而不是日历（比如，感觉"很夏天"）。① 这两者没有优劣，但它们是不同的。除非进行比较，否则人们无法理解这种区别。或者正如沃夫所观察到的，"我们总是认为我们对语言所做的分析比语言本身更能反映现实"。

这个观点解决了油桶之谜。沃夫注意到，工人们在处理标有"满"的油桶时都很小心。然而，工人们却在存放标有"空"的油桶的房间里开心地抽烟。这是为什么？在英语中，"空"这个词与"无"有关，似乎无须多想，很容易被忽视。然而，"空"油桶内部实际上充满了易燃烟雾。因此，沃夫告诉仓库经理，向工人们解释了"空"油桶的危险性。此后，爆炸就再也没有发生了。因此，有时候科学本身不能解决的问题，加上文化分析后就可以。同样的原则（用人类学视角来看待我们所忽视的东西）在现代银行交易大厅、企业兼并或大流行病暴发等神秘问题时同样有价值。

正如 19 世纪法国医生和人类学家保罗·布罗卡（Paul Broca）所说的那样，"最少被质疑的假设往往是最有问题的"。

① 一些学者，如埃克哈特·洛特基（Ekkehart Malotki）和史蒂芬·平克（Steven Pinker），他们抨击了沃夫的观点，认为他说霍皮族没有时间观念的概念是错的。这似乎是对沃夫观点的误读。在不涉及争议的情况下，关键点是：人们对日历和时间的看法是不同的，而并不是普遍一致的。——作者注（以下无特殊情况，皆为作者注）

忽视我们认为理所当然的概念是一个危险的错误，无论是关于语言、空间、人、物体，还是所谓的普遍概念，如"时间"。

再举一个关于胡子的例子。2020 年春天，当新冠病毒导致的居家隔离开始时，我在视频会议中注意到，许多平常会把胡子刮干净的美国和欧洲男子都开始留胡子。当我问及原因时，我得到的答案是"我没有时间刮胡子"，或"我不在办公室，所以（刮胡子）没有意义"。这有点儿说不过去：在居家隔离状态下，男人应该有更多的自由时间和动力来展示专业的"脸"（要知道在视频通话中，你的脸可是大特写）。然而，半个世纪前，一位在非洲工作的人类学家维克多·特纳提出过一个被称为"边缘"的理论，有助于解释男人胡须的"爆炸"。特纳理论认为，大多数文化都采用仪式和符号来标记时间节点，无论是在日历上（新的一年），还是在生命周期的开始（进入成年），或者是一个重大的社会事件（国家独立）。"边缘"（liminal）一词源于拉丁语的"*limens*"，意为"门"。"边缘"时刻共同的特点是将原来的秩序倒过来，使这些时刻与"正常"相对立，以标志一个过渡性的时刻。在新冠病毒流行期间，当平时会把胡子刮干净的男人突然开始留胡子时，似乎就是这样一个"边缘"时刻的象征。由于胡须对许多职业男性来说是不"正常"的，所以留胡子标志着他们认为居家隔离也是不正常的，且是个重要时间节点。

那些面容变得毛茸茸的金融家、会计师、律师等人是这样解释自己为何留胡子的吗？通常不会。符号和仪式之所以强大，正是因为它们反映并强化了我们（充其量）只能模糊意识到的文化形态。但是，如果企业和政治领导人能够理解这个边缘概念，他们就可以向员工或恐惧的人们传递更多鼓舞人心的信息。没有人喜欢不确定性或无限期封锁的想法。把这段时期描绘为一个过渡、实验和潜在革新的边缘时期，听起来会更鼓舞人心。反之，不了解符号的力量就会错失机会。同样的原则也适用于口罩。

再来看一个严肃些的例子，谷歌子公司"拼图"（Jigsaw）的故事。近年来，其管理层一直在努力应对网上阴谋论的传播。有些看起来无害，如"地球是平的"这一理论；有些则很危险，如"白人种族灭绝"的说法（指称非白人群体计划消灭白人社区），或2016年"比萨门"的说法（指称美国总统竞选人希拉里·克林顿在华盛顿一家比萨店内经营一个撒旦式的儿童色情团伙）。

谷歌高管们利用他们最熟悉的科技进行了反击。他们利用大数据分析来跟踪阴谋论的传播；改变搜索引擎的算法，以突出真实信息；标记可疑的内容并删除危险的材料。然而，这些阴谋论仍在传播，并造成了严重的后果（2016 年底，一名枪手冲进"比萨门"涉及的餐厅）。

因此，在 2018 年，"拼图"的高管们尝试做了一个实验。他们的研究人员与"ReD Associates"咨询公司的民族志^①专家联手，从美国蒙大拿州到英国曼彻斯特等地，与四十几位美国和英国的阴谋论者先后会面。这些真实存在的人证明了谷歌高管们对他们的偏见是错误的。首先，阴谋论者并非高学历的精英们所想象的怪物；当人们用同理心听取他们的意见时，他们往往是友好的，即使双方的观点截然不同。其次，技术人员并不了解阴谋论者所关心的问题。在硅谷，人们认为精致的专业网站上的信息比业余网站的信息更值得信任，因为这就是技术人员的想法。但阴谋论者只相信邋遢的网站，因为他们假定精致的网站是那些讨厌的精英创造的。如果你想揭穿阴谋，这种洞察力非常重要。同样，研究人员开始时假设自己的首要任务是对不同阴谋论的危险性进行排序（例

---

① 是用来描述人类学家通常采用的研究人的方法，即开放式的、密集的、面对面的观察。并非所有的民族志都是人类学，因为非人类学家有时会使用民族志的技术而不借鉴人类学的理论。然而，几乎所有的人类学家都在使用民族志的技术。在商业领域，民族志经常被用来代替人类学，因为它听起来不那么学术。

如将"地平说"理论与"白人种族灭绝说"区别对待）。但面对面的接触表明，一个人陷入阴谋论及用此定义自我的程度，比具体所信的内容更重要。研究人员最后在报告中写道："这说明，更重要的是区分不同类型的阴谋论者，而不是阴谋论本身。"

他们还意识到另一点：这些关键的发现都不能只靠计算机来收集。大数据可以解释正在发生的事情，但它通常不能解释原因，相关不代表因果。同样，心理学可以解释为什么某一人信奉阴谋论，但并不一定能说明一个阴谋是如何定义一个群体的自我认知（从这一点来说，极右"匿名者 Q"的阴谋论与几个世纪前的民间传说有相似之处）。

有时，面对面的沟通，以开放的心态倾听，研究对方背景，并注意对方避开和讨论了什么话题，还真是无可替代的。正如为诺基亚工作的人类学家王圣捷（Tricia Wang）所言，大数据需要"厚"数据，或者从文化的"厚重描述"中产生的定性见解[1]。

这是一个阻止阴谋论的魔杖吗？遗憾的是，并非。与阴谋论的斗争仍在继续（伴随着对科技公司的批评）。但这些

---

[1]　此处使用了人类学家克利福德·格尔茨（Clifford Geertz）的说法。

发现给了谷歌高管们一样重要的东西：一种看到并纠正错误的方法。悲剧的是，这样的实践仍然很少。推特（Twitter）的联合创始人杰克·多尔西（Jack Dorsey）说，如果他能重新发明社交媒体，他将雇用社会科学家和计算机科学家。这可能会彻底改善我们 21 世纪的线上世界。

接下来的内容将分为三个部分，与上述三个原则相呼应："把'陌生'变熟悉""把'熟悉'变陌生"，以及"倾听社会沉默的声音"。

叙述的故事线是以我自己的经历展开：我在塔吉克斯坦学到的关于研究"陌生"的知识（第一章）；我如何利用这些经验在伦敦和《金融时报》探索"熟悉"（第四章）；后来在华尔街、华盛顿和硅谷发现的"社会沉默的声音"（第七章、第八章和第十章）。

本书也讲述了人类学如何帮助英特尔、雀巢、通用汽车、宝洁、玛氏等公司解决一些关键性问题，以及人类学如何指引人们找到政策问题的解决方案，比如如何处理疫情、硅谷的经济框架、发展数字工作以及拥抱可持续发展运动。如果你只是想找到"怎么做"的实用性的方法，请跳到后面的章节；不过，前面的章节概述了这些知识工具的来源。

有三点需要注意。

首先，本书并不主张人类学视角应该取代其他智力工具，而是对它们进行补充。就像在食物中加入盐，会使各种成分有机结合并增强味道一样，将人类学思想加入经济学、数据科学、法律或医学等学科中，会创造出更深入、更丰富的分析。融合计算和社会科学应该是当今一个特别优先的事项。

其次，书中所述的概念并不只存在于人类学的学术学科中。有些概念出现在用户体验研究（USX）、社会心理学、语言学、地理学、哲学、环境生物学和行为科学中。这是好事：学术边界是人为的，反映了大学的部落主义①。我们应该为21世纪重新划定边界。无论你用什么词来描述人类学视角，我们都需要它。

最后，本书并不是一本个人回忆录。我只是把我自己的经历作为一道叙事弧线，用于一个特定的智思目的：人类学与其说是由单一的理论定义的，不如说是由其独特的视角所定义的，而解释这种思维模式的最简单方法就是讲述人类学家的工作。我希望我的故事能够通过解答以下三个问题来阐

---

① 许多人类学家讨厌使用"部落"和"部落主义"这样的词，因为它们听起来有贬义，而且没有反映出这些词涉及的亲属关系结构的具体含义。但为了便于交流，我在书中采用了流行意义上的"部落"和"部落主义"的字眼。

明这一点：为什么对塔吉克斯坦婚礼仪式的研究会促使一个人去关注现代金融市场、科技和政治？这对其他专业人士来说意义何在？在一个被人工智能重塑的世界里，为什么我们需要另一种"人工智能"，即人类学工作之智之能？最后一个问题就是本书的核心所在。

第一部分
把"陌生"变熟悉 ————————————

　　2018 年,(美国时任总统)特朗普将海地和非洲国家斥为"下三烂国家"的言论引发了广泛、正义的批评。但他攻击性的语言揭示了一个令我们所有人都不舒服的事实——人类本能地回避甚至蔑视那些看上去奇奇怪怪的文化。人类学则认为,拥抱文化冲击和"陌生"是值得的、有益的。人类学研究已经开发了一套方法来做到这一点,称为参与观察(或"民族志")。但这套方法并不需要总是用于"沉浸式研究",而也可以被应用到商业和政策中,并且应该被希望在全球化世界中生存和繁荣发展的投资者、金融家、管理人员和政策制定者(或公民)所接受。

第 1 章

文化冲击
人类学到底是什么

"人类学要求人们必须以开放的心态去看、去听，在惊讶和惊奇中记录下那些自己无法猜测的东西。"

——玛格丽特·米德（Margaret Mead，美国人类学家）

一个阳光明媚的秋日，我站在一座泥砖房的门槛上，看着房子后面的迷人景色：一个陡峭的岩石峡谷中布满了金色的树叶和绿色的草地，沿地势而上，将雪峰和蓝天连成一线。这一幕和我在 20 世纪 70 年代末偶然在英国电视屏幕上看到的阿富汗野外山景十分相似，当时苏联的入侵使阿富汗成为新闻焦点。但我实际是站在比阿富汗更靠北 100 多英里[①] 的地方——苏联治下的塔吉克斯坦，在一个我称之为"卡隆"山谷的"奥比·萨菲德"[②] 村庄，时间是 1990 年。

"*A-salaam! Chi khel shumo? Naghz-e? Tinj-e? Soz-e? Khub-e?*"站在我身边的中年妇女用塔吉克语喊道。她叫阿兹扎·卡里莫娃，在塔吉克斯坦首都杜尚别从事学术工作。她和我一起搭乘一辆挤满人的小巴，在颠簸的路上行了三个小时，来到奥比·萨菲德，并把我介绍给当地的居民。她穿着该地区的典型服装：长衫和长裤，上面印有设计独特的鲜亮图案，被称为"阿特拉斯"，还戴着头巾。我也戴了，但因不知道如何正确系戴，我的头巾一直向下滑。

这时一群人从泥墙后面出现：女人们穿着和我一样的阿特拉斯外衣，戴着头巾；男人们戴着骷髅帽，穿着衬衫和长裤。他们进行了一番我听不懂的沟通后，招手让我进屋，当我跨过门槛时，我注意到里墙被漆成了半蓝半白的颜色。为什么？我想知道。一堆高高的色彩斑斓的刺绣衬垫靠墙堆着。那是干什么用的？一台电视播放着响亮的塔吉克音乐，

---

① 1 英里约合 1.6 公里。——编者注
② "奥比·萨菲德"村庄和"卡隆"山谷（字面意思是"白水"和"大"）是我在博士论文中使用的化名，以避免内战期间或之后对该村可能产生的影响。我的指导老师和村民的名字也是化名。

屋内的呼喊声更响了。人们把垫子扔在地上当座位，把一块布放在地上当桌子，然后把橙色的茶壶、白色的茶碗、成堆的糖果和金黄色的扁面包放在"桌子"上面；我注意到，他们特别注意扁面包的摆放。一个年轻的女子出现了，她把绿茶倒进一个白碗里，又把它倒回橙色的茶壶里，然后再倒进去，又倒出来，一共三次。这是为什么？孩子们在房间里窜来窜去。一个婴儿在地毯下发出尖叫声。婴儿待在地毯下做什么？然后，一个留着白色长辫子的可敬的老妇人对着我喊。她是谁？我觉得自己就像在游乐场里一样：到处是景象和声音，一切都在旋转，让人无所适从，也无法应对。

"发生了什么事？"我用俄语问卡里莫娃。俄语我已经比较熟练了，但我的塔吉克语还不行。

"他们在问你是谁，来这儿做什么？"她说。我想知道她怎么回答的。这个问题有一个简短的答案。我是在 1990 年来到塔吉克斯坦的，也就是后来的苏联解体前一年（当时没有人猜到苏联即将解体），我是来攻读人类学博士学位的，这也是英国剑桥大学和杜尚别大学之间的一个交流项目的开启之年。卡里莫娃把我带到卡隆山谷，让我对婚姻习俗开展研究，我希望这个研究能回答一个关键问题：在塔吉克斯坦，伊斯兰教和共产主义之间是否存在"冲突"？

我来到这儿，还有一个更长的没有说出来的答案。驱使我进入人类学研究的原因是对探索世界的热切渴望，以及对人类存在意义的疑问。我接受的教育告诉我，得到答案的方法，是让自己沉浸在他人的生活中，通过"民族志"了解不同的观点。当我坐在遥远的剑桥大学图书馆里时，这听起来像是一个高尚的概念。但是，当我蜷缩在这个蓝白相间的房间里的坐垫上时，却感觉与自己之前想象的有些出入。这真是太疯狂了。

我问卡里莫娃她对村民们说了什么。"我说你和我一起做研究，请他们帮助你，他们说他们会的。"

我深吸了一口气，对众人笑了笑说，"A-salaam!"（"你好！"）然后我指着自己，用俄语说，"Ya studyentka"（"我是个学生"），然后用塔吉克语说，"Taleban-am"。[1]

后来我意识到自己说的俄语用错了词，并且造成了混乱。但在当时，我只是欣慰于看到的笑容。我吸引了一直在倒茶的黑发年轻女人的目光。她有一张瘦削而聪明的脸，两个小孩子紧紧地捏着她的阿特拉斯外衣。她指了指自己说，

---

[1] 对西方人来说，Taleban（或 Taliban）是最著名的伊斯兰运动的名称，但它在塔吉克语、波斯语和达里语中也有"学生"的意思（它成为该运动的名称是因为其信徒将自己描述为伊斯兰教的"学生"）。

"I-D-I-G-U-L"，她说得又慢又大声，每一个字母都念得很清楚，仿佛在对一个聋哑的白痴说话。其中一个小女孩模仿她说，"M-I-T-C-H-I-G-O-N-A"。她指着她的妹妹——"G-A-M-J-I-N-A"——然后对着正在发出婴儿尖叫声的地毯挥手——"Z-E-B-I"。然后她指着房间里的物体，"Mesa!"（桌子）、"Choi!"（茶）、"Non!"（面包）、"Dastarkhan!"（地上铺的用来当桌子的那块布）。[1] 我感激地模仿着她，就像在玩游戏。我当时在想：如果我表现得像个孩子，也许我可以学会这些。

　　这是一种本能，就像其他东西一样。但这也说明了本书的一个关键点，以及人类学视角的一个教训：不时像孩子一样看待世界的价值。我们生活的时代中，许多智力工具都鼓励我们以预设方向、自上而下、有规矩的方式来解决问题。17 世纪欧洲出现的科学、实证调查方法倡导观察的原则，但通常是先确定要研究的问题或要解决的问题，然后制订方法来测试任何结论（最好是以可重复的方式）。然而，人类学却采取了不同的做法，它也是从观察开始的。但它并不预先假设什么是重要的或正常的，抑或主题应该如何细分的僵化

---

[1] 波斯语的一种方言，许多塔吉克语单词的拼写对于讲波斯语的人来说是很熟悉的，但并没有一个现成的办法来写下塔吉克语的卡隆版本。因为很多是喉音，而且倾向于把"a"变成"o"，所以我是按照自己听到的方式来记下这些词的。

的先验判断，而是试图以近乎孩子般的好奇心去倾听和学习。这并不意味着人类学家只使用开放式的观察，他们也用理论框住他们所看到的东西，并寻找规律。他们有时也使用经验性的方法。但人类学家的目标是从开放的心态和宽广的视角开始。这种方法可能会让科学家感到不快，因为他们通常会寻求大规模的测试和可复制的数据。

人类学是关于解读和感觉的，它通常着眼于微观层面并试图得出大的结论。但是，由于人类不像试管中的化学品，甚至不像人工智能程序中的数据，这种深入的、不受限的观察和解读是可以有价值的，特别是当我们对可能发现的东西保持开放的态度。①

在现实中，要实现这些理想往往很难。在到达奥比·萨菲德时，我也曾藐视这些理想。我的研究计划是在剑桥制订的，其中有一整套关于伊斯兰教和共产主义的想法和偏见，这些想法和偏见当时在西方政策界很流行，但事实证明是错误的。人类学的全部意义在于使自己碰到意外时持开放态度，

---

① 一些读者可能会从这个描述中得出结论，人类学与物理学或医学等"硬"学科相比是一门"软"学科，因为它有时使用主观分析，而不是实证研究。例如，该学科中最有影响力的人物之一吉尔兹认为，人类学家是"阅读"或"解释"文化的人。然而，并不是所有的人类学家都接受吉尔兹的方法，有些人也使用更多的经验性方法。因此，我避免使用"软"这个词，尤其是因为它听起来有贬义。

拓宽自己的视野，并学会反思你所认知的。这就引出一个问题：是什么首先激发了对这种强迫性的好奇心的崇拜？

"人类学"一词来自希腊语"*Anthropos*"，意思是"对人的研究"。这并非空穴来风。可以说，历史上第一位以系统方式描述文化的人类学家是希腊作家希罗多德，他在公元前 5 世纪写了一篇关于希腊—波斯战争的报告，详细介绍了不同军队的种族背景以及他们作为战士的优点。随后，罗马历史学家塔西佗描述了罗马帝国边境的凯尔特人和日耳曼人的特征；另一位罗马作家老普林尼撰写了《自然史》，描述了像狗头人社会这样的种族，据说他们实行食人制。波斯科学家阿布·比鲁尼在公元 10 世纪就详细介绍了种族多样性；16 世纪法国作家蒙田的随笔《谈食人族》中，描述了巴西的三个图皮南巴分支的印第安人，作为战利品被猎人带到了欧洲。早期的人类学家经常对食人族着迷，因为他们为精致的"文明"提供了一个对立面。

然而，直到 19 世纪，研究"文化"以及"他者"的想法才作为一个真正的知识学科出现，并在几个历史转折的碰撞中诞生。正如人类学家凯斯·哈特（Keith Hart）所言，18 世纪是欧洲的革命时期，当时"人们持续努力，为了民主和平，并为推翻一个濒临崩溃的旧制度寻找理论基础"，研究

"每个人的共同点，即他们的人性"。而 19 世纪的达尔文则提出了生物进化论，引发了人们对于自身进化的兴趣：不只是生理上的进化，还是社会上的进化。另一个推动力是帝国主义。英国维多利亚时代的帝国中包含了大量对英国统治者来说似乎陌生的文化，这些精英需要面对关于如何征服、征税、控制的问题，并与这些"陌生"的被殖民群体进行贸易或转换的信息。法国、西班牙和荷兰的精英们，以及新兴的美国精英们也是如此，后者面临和土著人口的对立。

1863 年，一个由冒险家和金融家组成的混合团体成立了"博学社"——一种在英国维多利亚时代流行的辩论俱乐部，来研究人性。他们将其命名为"食人族俱乐部"，并在其总部的窗户上悬挂了一具骷髅。这是一栋位于伦敦圣马丁广场 4 号的白色灰泥建筑，靠近特拉法加广场。隔壁的基督教传教士恳求他们移走骷髅，但他们拒绝了。该组织的领导层包括英国前规划师理查德·弗朗西斯·伯顿爵士，他曾是英属东印度公司的雇员。其他人则与伦敦证券交易所有关。到 19 世纪 60 年代，维多利亚时代的英国正处于后来安东尼·特罗洛普在其小说《我们现在的生活方式》中提出的那种狂热之中。因此，投资者争相购买铁路债券和其他"殖民地"的基础设施项目，并需要信息来评估风险。

历史学家马克·弗兰德罗指出："那些吹嘘非洲探险或推广中美洲或拉丁美洲矿场铁路资源的个体，也在吹嘘人类学。"然而，伯顿和他的同僚们还坚信，科学表明欧洲人和美国人在生理上、精神上和社会层面上都比其他人种优越。英国军队殖民者兼食人族俱乐部成员皮特·里弗斯曾写道："野蛮人在道德上和精神上都是不适合传播文明的工具，除非它像高等哺乳动物一样沦为奴隶。"

在美国南北内战后，食人族俱乐部这些自诩为人类学家的人稍微弱化这种种族主义立场，与另一群由贵格会成员（他们一直反对奴隶制的运动）经营的自诩为"民族学家"的团体合并，成立了皇家人类学会。但维多利亚时代的英国学者们仍然固守着进化论的框架。美国也是如此：1877 年，来自纽约罗切斯特的商人和兼职学者刘易斯·亨利·摩根出版了《古代社会》（Ancient Society）一书，提出"所有社会的进化都经历了相同的阶段……从较简单的组织形式——家庭、兄弟会、部落到现代的复杂民族国家"。摩根的信徒——约翰·韦斯利·鲍威尔——一位曾经参加过南北战争的美国士兵，他说服华盛顿政府建立一个"民族学局"，以绘制美国本土民族的地图。鲍威尔在 1886 年的一次演讲中说："人类文化是有阶段性的，野蛮的时代是石器时代，蛮夷的时代是陶器时代，文明的时代是铁器时代。"美国印第安人、非裔美国人和因纽特人被认为是"原始人"的显著标识，就是在纽约的自然历史博物馆里，和他们相关的文物被陈列在动物旁边（直到"黑人的命也是命"运动出现，他们的文物仍被摆放在那里，且无人质疑）①。

　　然而，在 20 世纪发生了一场知识革命，它不仅奠定了现代人类学的基础，也为 21 世纪在公司董事会、议会、学校、媒体和法庭上围绕公民价值进行的关键辩论打下了基础（尽管这些领域的参与者很少了解人类学）。这场革命始于加拿大纽芬兰省的巴芬岛——因纽特人的家园——一个鲜有大事发生的地方。19 世纪 80 年代初，一位名叫弗朗茨·博厄斯的年轻德国学者在德国基尔大学获得了自然科学学位，然后乘船前往北极。他想研究动物如何与冰雪互动。但当天气越来越恶劣时，他在一个捕鲸社区滞留了几个月，周围都是当地的因纽特人。被困和无聊之余，他通过学习当地语言和收集因纽特人的故事来打发时间。这揭示了他没有想到的事情：因纽特人不仅仅是物理分子的集合，而是有感情、思想、信

---

① 自 2018 年以来，自然历史博物馆在其关于美国原住民文化的展览上，附上了解释这些展览的历史（种族主义）背景的材料。该博物馆还从大楼前移走了西奥多·罗斯福的雕像。

仰和激情的人类，与他自己一样。"我经常问自己，我们的'好社会'比'野蛮人的社会'有什么优势？"他从纽芬兰写信给他的美籍奥地利妻子玛丽，"我越是了解他们的习俗，就越发现我们真的没有权利轻视他们……因为我们这些'受过高等教育的'人，相对他们来说要差得多。"

博厄斯后来去了美国，1911 年，他在那里出版了一本名为《原始人的思想》的书。在这本书中他认为，美国人和欧洲人感到比其他文化优越的唯一原因是，"我们参与了这种文明（进化）"，"从我们出生起，它就一直控制着我们的所有行为"。他还宣称，其他文化也同样有价值，只要我们能睁开自己的眼睛。在 20 世纪初的纽约知识界，这相当于社会科学领域的哥白尼革命。博厄斯的想法被认为是异类，以至于他很难找到一份合适的学术工作。最终他挤进了哥伦比亚大学，并在那里吸引了志同道合的同事，如玛格丽特·米德、露丝·本尼迪克特、爱德华·萨皮尔、佐拉·尼尔·赫斯顿和格雷戈里·贝特森。从 20 世纪 20 年代起，这些学者就开始在世界各地奔走，从美属萨摩亚到法国的普罗旺斯，研究遥远的文化，效仿博厄斯的知识体系。

一场类似的知识革命也在大西洋的另一边开始了。一位先驱是拉德克利夫·布朗，一位英国知识分子，他在 20 世纪初决定"要做一些事情来改革世界——摆脱贫困和战争",并前往安达曼群岛和澳大利亚,观察那里的风土人情是如何维持社会运转的。另一位更有影响力的人物是一位名叫马林诺夫斯基的波兰移民,他于 1920 年进入伦敦政经学院攻读经济学博士学位,之后前往澳大利亚研究原住民社区的经济。

在此之前,第一次世界大战爆发的 1914 年,马林诺夫斯基曾被视为"外来敌人"拘留,并被派往波利尼西亚的特罗布里安群岛。他被困在海滩上的帐篷里,决定研究发生在特罗布里安群岛复杂的贝壳、项链和臂章(称为库拉)礼物交换习俗,来挽救他的博士学位。他无法进行之前计划的那种自上而下的经济调查,所以使用了他唯一可用的工具:双眼观察。和博厄斯一样,马林诺夫斯基发现这次计划外的绕行改变了他的生活:当他回到伦敦时,他宣称了解陌生"他者"的唯一途径是以身临其境的方式亲自观察他们。这种方法并不意味着研究者需要融入该社会,即帝国所谓的"原住民化"。马林诺夫斯基写道:"即使是最聪明的本地人也没有明确认识到库拉作为一个大的、有组织的社会构建的作用,更不清楚它的社会学功能和意义。"但是,"了解本地人的观点,了解他与生活的关系,达到他的视角"是至关重要的。你必须同时做一个局外人和一个局内人,才能看清楚。局内人认为库拉是理所当然的；局外人认为库拉只是一个细节。不过，一个同时是局内人和局外人的人可以看到，这些复杂的库拉交流有一个事实上的功能：它们使不同的岛屿相互联系，促进社会来往并植入社会地位体系。

马林诺夫斯基称这种想法为"参与式观察"。它传播开来，在伦敦、剑桥、牛津和曼彻斯特的大学里催生了一个新的学术群体。他们像博厄斯的弟子一样，到世界上遥远的角落去研究其他社会。这些人包括爱德华·埃文斯·普利查德、梅耶·福蒂斯、奥黛丽·理查兹和埃德蒙·利奇等人。在巴黎，也出现了一个新的法国人类学家群体。克罗德·列维·斯特劳斯前往巴西，皮埃尔·布迪厄研究了法国的前殖民地阿尔及利亚。当他们遍布在世界各地时，他们达成了一个共同的核心理念：尽管人类倾向于认为自己的文化是历史的必然，但事实并非如此。世界上的文化五花八门，认为只有自己的做法是正常的或总是产生优越感的想法是愚蠢的。

今天，这一理念看起来如此普遍，几乎成了老生常谈。在世界许多地方，宽容的理念被纳入法律框架，法律禁止种族主义、性别歧视、仇视非异性恋等（尽管这些理想经常被蔑视）。但是，历史学家查尔斯·金（Charles King）在对这场思想革命的精彩描述中指出，我们无法想象这种文化相对主义的概念在一个世纪前听起来有多么激进，或者说是多么具有煽动性。1933 年，当纳粹头领戈培尔在德国组织纳粹焚烧书籍活动时，博厄斯的作品是第一批被扔进火堆的书籍之一。这场大火是哥伦比亚大学报纸的头版新闻。对非人类学家来说，这门学科可能看起来是一种奇怪的癖好。对于纳粹和博厄斯来说，该学科的思想，如文化相对主义，引发了一场关于"人类"和"文明"定义的生存之战。这就是为什么人类学能为现代世界提供的最大礼物之一是作为"本土主义的解毒剂，仇恨的敌人，以及理解、宽容和同情的疫苗，从而用来对付煽动者的言辞"，按人类学家韦德·戴维斯的说法，我们需要人类学。

1986 年，在博厄斯航行到巴芬岛近一个世纪后，我来到剑桥大学攻读本科学位，这个学科的名字很奇怪，叫"拱门和蚁穴"（arch and anth）。这个标签是"考古学和人类学"的简称，反映了这门学科曲折的过往。维多利亚时代的人类学家认为他们需要同时研究文化、生物进化和考古学来了解人类。然而，到了 20 世纪末，人类学家不再认为生物决定一切，文化和社会领域的研究已经成为一个独立于人类生物和进化研究之外的学科；前者被称为"社会"或"文化"人类

学 [①]；后者被称为"体质"人类学。这种界限并不是（现在也不是）一成不变的，约瑟夫·亨里奇、布莱恩·邓巴、尤瓦尔·哈拉里和贾里德·戴蒙德等作家巧妙地探讨了人类的生理、地理和环境如何影响文化（反之亦然）。在美国的大学里，物理和社会人类学有时被结合起来。然而，在英国，这两个学科往往是分开的。因此，"拱门和蚁穴"是一个错误的名称，或者更准确地说，这象征着这一研究体系是其历史的产物。

这门课程还有其他一些奇怪之处。到 20 世纪 80 年代，"文化相对主义"和"参与式观察"这两个概念主导了人类学。这与理解社会系统如何成为一体的想法交织在了一起（反映了拉德克利夫·布朗提出的"功能主义"的方法），以及文化如何通过神话和仪式（借鉴列维·斯特劳斯开创的所谓结构主义理论）和文化"意义之网"（由美国人类学家克利福德·格尔茨描述）来创造精神地图。但是，尽管博厄斯和马林诺夫斯基的早期学术后辈感到了明确的目的，但到了 20 世纪 80 年代，该学科还是变得更加支离破碎。人类学家对该学科的殖民主义遗产感到尴尬，并热衷于抨击它（今天更是如

---

① 在 20 世纪，美国人类学家用"文化人类学"来描述他们的学科，但他们的英国同行更喜欢"社会人类学"。原因是英国人类学家更强调社会系统，但美国人（如格尔茨）强调文化模式。然而今天这些短语的意思大致相同。

此）。他们意识到真正的"参与式观察"很难实现，因为研究员的存在就会使周围的社会产生变化，且研究员会随身携带自己的偏见。他们对自己学科的界限也变得不确定。早期的人类学家研究非西方社会，然而在 20 世纪，他们越来越多地将视线转向西方社会。这是因为博厄斯等学者认为所有的文化都是"奇特"的，也是因为 20 世纪帝国的崩溃使他们很难在传统的研究地域进行研究，因为有些殖民地对他们有敌意。（20 世纪 60 年代，加纳总理的房间里挂着一幅画，画中显示加纳摆脱了传教士、殖民者和人类学家给它戴上的枷锁。）然而研究西方文化使人类学家进入了由经济学家、地理学家和社会学家主导的领域。他们应该与这些学科竞争还是合作？在人类学家摸索答案的过程中，该学科产生了许多子领域：经济人类学、女性主义人类学、医学人类学、法律人类学、数字人类学。这是一个丰富但令人困惑的混合体。

然而，这个混合体有一个更大的共同特征，那就是执着的好奇心：人类学家致力于窥视社会缝隙，沉浸在奇特的地域，潜入世界各地的社会底层。当我读到他们所做的大量研究，从偏远的丛林或岛屿到现代企业时，我被深深吸引了。事实上，我选择这门课程的动机和这门学科的过去一样错综复杂。虽然我在伦敦郊区一角长大，但我的家庭充满了对英

国殖民历史的民间记忆（我的曾祖父参加了布尔战争；一位
曾叔祖在印度的帝国政府工作；我的父亲曾住在新加坡，直
到他和母亲在第二次世界大战中为了逃离入侵的日本军队移
居英国，祖父则被派往拘留营）。我渴望逃离灰色的 20 世纪
70 年代的郊区，进行"冒险"，并热衷于以一种模糊的、理
想化的方式"做好事"。因此，我在 1989 年到剑桥大学攻读
人类学博士。我最初希望在中国西藏做实地调查，我在大学
时曾在那里旅行了几个月。当我因无法成行而沮丧地坐在剑
桥大学国王学院环境优美的办公室里时，一位叫卡罗琳·汉
弗莱的人类学教授建议说："塔吉克斯坦怎么样？"汉弗莱于
20 世纪 60 年代在蒙古的一个苏联农场做过研究，在一个叫
布里亚特的民族中研究其"魔幻的图画"和信仰，然后写下
了首个西方观察家对苏联集体农场的详细研究，她后来一直
与苏联学者保持联系。我对这个国家一无所知，事实上，我
甚至无法在地图上找到它。不过，汉弗莱认识一位在塔吉克
斯坦的苏联学者，名叫阿兹扎·卡里莫娃。尽管在"冷战"
期间，塔吉克斯坦等地一直是西方研究人员的禁区，但到
1989 年，改革计划正在打开一些长期封闭的大门。她估计卡
里莫娃可能会对我有所帮助。我申请了一个苏联研究签证，
令我非常惊讶的是，我的签证申请被批准了，或者更确切地

说，我被杜尚别大学的民族学系录取了。杜尚别是苏联塔吉克斯坦的首都。我不知道这实际上意味着什么，其他人也不知道，还没有苏联以外的人在杜尚别大学的民族学系当过研究生。但我认为这也是冒险的一部分，像马林诺夫斯基、博厄斯和米德一样，我想接受文化冲击。

1990 年夏天，我飞往杜尚别。当飞机降落在这个城市闪闪发光的热浪中时，我看到斯大林式的混凝土公寓楼与一圈山峦相映成趣。一个世纪以前，像巴芬岛或波利尼西亚这样的地方代表着异国的"他者"。对于一个 20 世纪 70 年代的英国孩子来说，沉浸在"冷战"的言论和恐惧中，异国的"他者"是苏联的遥远角落。为了做好准备，我密集地学习了俄语。我也曾试图学习塔吉克语，但这很难，因为我所能找到的唯一一本《自学塔吉克语》的书是用俄语编写的教学读物，它用"我们必须完成五年计划"或"国际主义、社会主义和友谊万岁！"以及"我们都喜欢摘棉花！"这样的句子解释塔吉克语的语法。

接受苏维埃体系的民族学研究几乎同样具有挑战性。这个俄语单词听起来像是英语"民族学"的一个工整的翻译。但这是骗人的，更好的翻译是"民俗研究"，且须通过严格的马克思主义视角来看。具有讽刺意味的是，这是受 19 世纪美国人类学家如鲍威尔和摩根的思想启发，在他们发表了关于所有社会如何从封建主义或野蛮主义向文明"演进"的论点之后，马克思和恩格斯借用这一框架来论证人类正在向共产主义"进化"。因此，杜尚别大学的民族学系，还被困在19世纪的进化论框架中，而20世纪的英国和美国人类学界却猛烈地反对这种框架。不过，我尽可能粗略地阅读了我能找到的许多关于"民俗研究"的书籍。

"那么，你将学习哪种类型的民族学？"当我出现在杜尚别的大学部时，卡里莫娃问我。她是一个顽强的、充满活力的女人，来自乌兹别克斯坦的历史名城布哈拉，通过意志力获得了一个令人羡慕的大学学术职位。

"婚姻仪式"是我准备好的答案，但这并不完全属实。当我第一次在剑桥的图书馆里开始阅读有关塔吉克斯坦的资料时，吸引我的问题是伊斯兰教和政治冲突。在20世纪20年代之前，被称为塔吉克斯坦的地区一直是俄罗斯和英帝国之间为控制历史上的丝绸之路区域而进行争夺的所谓大棋局中的一颗棋子。杜尚别周围的山谷名义上是俄罗斯帝国的一部分，但实际上进行的是自我管理，并拥有着令其自豪的逊尼派穆斯林文化。在1917年俄国革命之后的几十年里，这里似乎很平静。但在"冷战"期间，中情局等机构的政策专家表示认为——或者希望——穆斯林中亚人是苏联的"软肋"，因为他们是最有可能反抗莫斯科的人。阿富汗战争强化了这一看法。[①]

但是，我知道，如果我承认打算研究这个爆炸性的话题，就没有机会获得签证。因此，我申请签证时提出研究婚姻习俗，这是一个已经被西方人类学家广泛研究的课题，因为该学科的一个口头禅是"婚姻理念和实践是世界上许多社会形态的关键"，正如曾在相邻的阿富汗进行研究的人类学家南希·泰伯（Nancy Tapper）所观察到的。俄罗斯共产党人通过一个奇怪的历史转折认为：当苏联活动家在 20 世纪 20 年代试图消除伊斯兰教时，他们发起了一个所谓的 "*khudzhum*"（乌兹别克语，意为"攻击"）运动，以"解放"妇女和攻击传统的婚姻仪式。作为该运动的一部分，活动家们强迫布哈拉和撒马尔罕的数千名妇女摘下面纱，禁止包办婚姻等传统伊斯兰习俗，提高结婚年龄，并引入新的苏维埃婚姻仪式。[②]

---

① 读到这里，你可能会问"她是一个间谍吗"。简短的回答是："不，从来都不是。"如果这个答案让你觉得，"因为她真的是间谍，她才会这么说，不是吗？"请思考一下：一个间谍是不会为了不被发现而去写一本书的。

② 中亚历史发展的这一"注脚"在该地区之外鲜为人知，但它却令人振奋。因为俄罗斯共产党人使用了一个具有强烈人类学色彩的知识框架：他们认为，妇女是钉在传统文化上的"钉子"，而婚姻和亲属关系是保持钉子的关键因素，因此，解放妇女将改变社会。

但这个运动的遗留问题使婚姻话题成为探索真正吸引我的问题的一个好方法：假定伊斯兰教和共产主义之间存在冲突。至少，这是我一开始的想法。

我选择的话题让卡里莫娃兴奋不已，因为苏维埃的民族志对传统婚姻（或称"tui"）进行了广泛的研究，而且她喜欢参加婚礼聚会，那是快乐的事情。当她坐在杜尚别研究机构的一间黑暗的书房里时，她保证说："我会带你参加很多tui（婚礼）！"她解释说会有很多舞蹈。因此，几周后，我们登上了一辆摇晃、狭窄的小巴，行驶了几个小时，然后在卡隆山谷的夺目美景中从车里爬出来。卡里莫娃带领我沿着一条未铺设的山路，穿过一个峡谷，来到奥比·萨菲德。她宣称："那里将有 tui 可供学习！"她向泥土房子挥手。我的实地考察已经开始，我不知道会发生什么。此时我也没有想到，我即将学到的东西最终也会在研究华尔街和华盛顿时派上用场。

在接下来的几周里，我试图追随马林诺夫斯基和博厄斯的脚步，或者是剑桥大学的教授汉弗莱和盖尔纳的脚步。我不能一直住在奥比·萨菲德，因为我的苏联签证上写着我是在杜尚别的塔吉克斯坦国立大学工作。但每隔几天，我就坐车去卡隆山谷，与卡里莫娃介绍给我的大家庭住在一起：一群成年兄弟和他们的妻儿，再加上一个强大的寡妇，名叫比比古尔的女族长。这个叫比比古尔的黑发女人，她的孩子教会了我第一句当地话，她让我感受到安全感。

生活进入了常规。每天，孩子们都会聚集在房子里，围着"桌子"，玩着教我塔吉克语新单词的游戏，当我说错的时候，他们会咯咯地大笑。如果没去上学，他们会拉着我在村子里转悠，作为一天的娱乐活动。傍晚时分，他们会跑上陡峭的山路，到高处的牧场上集合羊群，我经常跟着他们。独自在高高的牧场上奔跑是难得的私人时刻，感觉就像《音乐之声》中玛丽亚的塔吉克版，我不禁自嘲。然后我开始帮着他们做家务。我和妇女们坐在一起，切胡萝卜来做当地的奥什普洛夫（一道我讨厌的混着油腻的炒饭、胡萝卜和羊肉的菜），从小河里打水（虽然村里有电，但没有自来水），扫地，照看婴儿（我很快发现第一天以为的绣花地毯其实是个摇篮）。我还做了我的"家庭作业"（卡里莫娃描述我在奥比·萨菲德时所用的词）。我带着我的笔记本和相机在房子之间走来走去，询问有关婚姻的问题，而且最重要的是，我可以把它作为一个切入点，谈论其他任何事情——而且是所有其他的事情。这是人类学研究的一个经典办法：通过关注一个微观层面的话题、仪式或一系列的活动，人类学家希望逐渐扩展他们的"镜头"，以捕捉整个风土人情。1990 年，卡隆山谷的许多婚姻仍然由家庭安排，符合传统的伊斯兰教义。村民们专注于婚姻安排和婚礼仪式，就像美国或欧洲中产阶级家庭专注于讨论房地产市场、工作调动、假期计划或子女教育一样。谁要和谁结婚？谁可能嫁给谁？他们能付多少彩礼？谁办了最好的婚礼？日复一日，村民们拿出以前的新娘和新郎的褪色照片，画出他们的家谱图，数着一摞摞色彩鲜艳的垫子和地毯，这些都是新娘带到新家作为嫁妆的。村民们还向我介绍了他们漫长而混杂的婚礼程序，这些仪式围绕着摆放了面粉、面包、水、白衣服和糖果的"桌子"进行。有时，一个被称为"毛拉"的当地村民主持仪式。当然，老妇人也经常主持其他仪式和祈祷。新婚夫妇还去了当地的政府办公室，向国家登记结婚，并经常乘车前往山谷深处的列宁雕像下，就像去朝圣一样，拍照留念。我记下了人们所说的话，还有那些没有形诸语言的行为。

婚礼的真正亮点是结婚盛宴。黄昏时分，村民们在一个空旷的广场上摆出桌子，上面摆满了面包、糖果和抓饭，响亮的塔吉克音乐奏起，在岩石谷壁间回荡。然后每个人都聚集到广场上，跳上几小时的舞，摇摆的动作类似于印度或波斯的舞蹈。音乐响起时，村民们对我喊道："和我们一起跳舞吧！"起初我拒绝了，但孩子们十分坚持：在奥比·萨菲德，幼儿通过观察别人，观看苏联电视频道——那上面不断交叉播放着塔吉克舞蹈和共产主义宣传内容——学会了跳舞。"除非你会跳舞，否则你找不到丈夫！"家里的奶奶经常对我大喊。因此，当冬天的大雪把我留在村子里时，我开始模仿孩子们的动作。到1991年初春，我已经足够熟悉舞蹈的节奏，可以加入婚礼跳舞了。然后，到了春末，我注意到，只要听到塔吉克歌曲，我的手臂就会不由自主随着节拍舞动起来。我的手已经变成了"塔吉克人"，我对自己开玩笑说。用人类学家西蒙·罗伯茨（Simon Roberts）的说法，村里的习惯正慢慢地"化身"到我的身体。霍勒斯·米纳则可能称之为从"陌生"变为"熟悉"的过程，只不过是以我自己没预料到的方式呈现。

我来到村子已经有几个月的时间了，在1991年3月中旬的一天，我沿着卡隆山谷走进了一座灰色的低矮建筑。肮脏的灰雪仍然积在谷底，漫长的冬天已接近尾声。但这里也有一抹鲜艳的红色：一张列宁的照片。这是当地的国家农场。这里面坐着一个叫哈桑的中年男子，穿着廉价的灰色西装，上面装饰着苏联的勋章。他负责管理这个农场。

我用塔吉克语说："我在研究民族学。"经过6个月"残酷"的沉浸式学习，我的语言技能已经有所提高。"我想聊一聊你们的婚姻传统和仪式。"

哈桑点了点头。他已经从村子里的其他人那里听说了关于我的一切。他给我倒了些茶，把一个圆形的面包放在桌子上，递给我。

"你不过斋月？"我问道。村里的妇女没有一个人在白天吃饭，除非她们怀孕或在工作，因为要遵守穆斯林的斋戒。

哈桑笑了起来。"我是共产党员！"他说，从塔吉克语切换到俄语。然后又补充了一句，"我妻子确保我们只在家里守斋。"

我立刻想：找到了！我来到奥比·萨菲德，希望利用我对婚姻仪式的研究来探讨伊斯兰教和共产主义之间的"冲突"。在半个地球之外的剑桥，我想当然地认为冲突一定存在，因为这两个信仰体系是如此的对立。但我在奥比·萨菲德度过的这段时间给我提出了一个问题：在婚姻等方面，这个村庄似乎并没有出现意识形态上的冲突。早期的"攻击"运动旨在粉碎传统做法，用共产主义做法取代。从某种意义上说，这一运动是成功的：我的研究表明，在苏联时期，结婚年龄急剧上升。一夫多妻制和强迫婚姻基本上已经消失了。然而，家庭仍然支付彩礼和嫁妆，他们仍然安排婚姻。虽然苏联的官方立场是大家都是共产党员，民族身份并不重要，但奥比·萨菲德的村民却拒绝与卡隆山谷以外的人结婚。同样，尽管结婚中包括前往列宁雕像处"朝圣"，但伊斯兰教的仪式没有消失。我后来写道："这是一个复杂的仪式杂烩。虽然婚姻采用了苏联的仪式，但这些仪式并不是作为'传统'仪式的替代品而存在，而是作为其延伸。"

这是否意味着村民们在隐藏他们的伊斯兰身份？这是反对共产主义政府的一种暗流抵抗吗？我最初是这样认为的。我作为一个外国人，并没曾想会被告知"一切真相"。但是，哈桑在苏维埃办公室的回答表明，这一切有另一种解释。我所生长的英国文化是由基督教所塑造的，它假定人们应该只有一种宗教或信仰体系。

正如人类学家约瑟夫·亨里奇（Joseph Henrich）所观察到的，西方文化倾向于推崇"客观的原则，而非具体场景的特殊性"，且假设"道德真理，与数学规律一样，是客观存在的"。在西方，思想上的一致性被认为是个优点；思想不一致的人被认为是虚伪双标的。然而，这种想法并不普遍：在其他许多社会中，有一种假设，即道德是基于环境的，在不同的情况下有不同的价值观并不是不道德的。哈桑的行为似乎体现了这一点。中亚文化（以及许多其他伊斯兰文化）的一个共同主题是："公共"空间应与"私人"空间区别对待。在这一点上，通常会有一个性别划分：公共空间是由男性主导的；私人空间是女性的领域。哈桑似乎把伊斯兰教和共产主义之间的区别延伸到了这上面。公共领域由苏维埃共产主义国家的符号和做法主导；私人领域是传统穆斯林价值观的堡垒。或者换一种说法，哈桑告诉我他是一个不遵守斋月的"好共产党员"，但仍然是一个"好穆斯林"，因为他的妻子遵守斋月，他不算是在撒谎，而是引用了一个似乎是广泛存在的区隔化的心理、文化和空间框架。

这种区隔化是一种刻意的策略吗？我并不确定。但我假设解释这一模式的最佳方式是法国人类学家布尔迪厄提出的"习惯"概念。这一理论认为，人类组织空间的方式反映了我们从周围环境中继承的心理和文化"地图"——但当我们以熟悉的习惯在空间中移动时，我们的行动强化了这些共同的心理地图，并使它们看起来如此自然和不可避免，以至于我们根本就注意不到它们。

在社会、精神和物理意义上，我们是环境的生物，这些方面相互强化〔因此"习惯"（habit）和"栖息地"（habitat）在英语中具有相同的词根〕。每当哈桑在俄语和塔吉克语之间进行切换——或他在工作时吃面包而妻子在家守斋——都在反映和再现这种区隔感，以缓解伊斯兰教和共产主义之间的"冲突"。换句话说，"共产主义"在村子里被重新定义，使这两种制度之间能够相互调和，而不是冲突。推动我攻读博士学位的最初假设——来自西方外交政策界和中情局等团体——是错误的。

1991年夏天，我离开了奥比·萨菲德的山区，重新回到剑桥大学这个平坦而熟悉的世界。我对写出自己的研究感到兴奋，因为我觉得自己在不经意中发现了一个重要的想法——"冷战"时期的"软肋"理论是误读的——并希望这能使我在人类学或苏联研究领域建立起学术事业。但生活随后发生了奇特的变化。我回来后不久，莫斯科爆发了一场政变，苏联总统戈尔巴乔夫被推翻，苏联开始解体。这对我的研究是一个打击，因为我的博士论文的核心课题突然变成了历史，而不是当代人类学。但随后一个新的机会出现了。我一直想成为一名记者，因为这个职业和人类学一样，似乎是由好奇心驱动的。当苏联陷入混乱时，一次成为《金融时报》驻苏联的临时实习生兼记者的机会出现了。我抓住了这个机会。

7个月后，在1992年春末，我听说塔吉克斯坦正在爆发政治抗议活动。于是我再次乘飞机前往杜尚别，但这次是以记者的身份。街道最初看起来没有什么变化：一排排公寓楼和杂乱无章的平坦泥墙房。但随后局势变得血腥起来：抗议者在街上聚集，爆发了冲突，政府军进行了反击，枪战升级，后来爆发内战，最终导致大量的平民死亡。我又惊又怕，和其他一些记者躲在杜尚别的一家旅馆里，其中包括《每日电讯报》的记者马库斯，他在序言中出现过。

其他记者向我提问，想知道发生了什么。一开始，我不知道如何回答。当我一年前住在奥比·萨菲德时，苏联的这个角落似乎平静得令我无法想象社会崩溃的可能性。当然，想象系统性的崩溃本来就不容易，尽管西方政策界对"软肋"问题有诸多争论，但这个群体中也没有人真的预测到苏联会如此迅速地崩溃。我一直在想，自己之前的研究完全是在浪费时间吗？

但后来，当我在杜尚别的旅馆里紧张地观察时，我意识到我在奥比·萨菲德看到的东西比我意识到的更有用。"软肋"理论曾暗示，塔吉克斯坦等伊斯兰地区将是第一个反对共产主义制度的地区。然而，事实证明，它们是最后一个。相反，首先脱离苏联的是波罗的海的各共和国（我作为自由职业者为《金融时报》做的第一份工作，就是将来自立陶宛议会的新闻报道归档）。塔吉克政府等到几乎其他所有的共和国都要求独立后，自己才提出。塔吉克斯坦远不是苏联的"软肋"，而如我所猜测的那样，变成了一张坚硬的皮。我酸溜溜地想：如果我早一年发表我的论文，我可能真的会显得有先见之明。

我对婚姻仪式的研究也出乎意料地与此相关。我之前带着自己源自欧洲文化的民族归属假设来到奥比·萨菲德。这些观点认为，民族国家是最重要的政治单位——因为自19世纪以来，"民族"的概念一直影响着欧洲历史。因此，由于"塔吉克人"生活在"塔吉克斯坦"，讲"塔吉克语"，我开始用民族的眼光来研究他们。但从婚姻伴侣的选择来看，这个假设是错误的：卡隆山谷的村民只想和像他们一样的人结婚，但在他们眼中，"一样的人"是同一地区，甚至同一山谷里的人，而不是"塔吉克人"。

1991年，当我在奥比·萨菲德漫游时，这种对婚姻伴侣的选择似乎只是我的古代研究中的一个有用的细节。但当我1992年躲在旅馆里的时候，这个观察就具有了悲剧性的政治意义。当反对派在杜尚别集会要求推翻塔吉克政府时，西方记者认定这意味着斗争是"伊斯兰极端主义"对抗"共产主义"，借用了此前用于描述阿富汗战争的词汇（类似词汇此后也被用于中东许多其他地区）。然而事实并非如此：当我在杜尚别街头与"塔吉克"派别交谈时，我意识到真正推动冲突的不是"意识形态"，因为两个派别的成员都说自己是穆斯林，并且似乎都以我在奥比·萨菲德看到的那样区分公共和私人生活。相反，冲突的关键点在于，反对党来自一座山谷，而政府来自另一座山谷。他们在争夺谁能在后苏联时代获得资源。这是一场地区性而非宗教性的斗争。

这重要吗？如果你想了解这个动荡地区目前的发展轨迹，答案是（现在也是）肯定的。如果你是一位历史学家，想弄清楚为什么中情局和其他机构在"冷战"期间误读了苏联的脆弱地区，那么这个事实也显然十分重要。然而，这里给人带来一则远超地缘政治、更深刻的启示。在 21 世纪的世界里，人们崇尚用大量的统计数据和大数据（数据集越大越好）进行全面的、自上而下的分析。这种数字计算往往是有洞察力的。但我在奥比·萨菲德的经历告诉我：有时以"虫眼"（自下而上）而非"鸟眼"（自上而下）来看待问题，并将这些视角结合起来进行解读，是有价值的；做深入的本地调研和横向研究，立体地探索一个地方，提出开放性的问题，并思考人们没有提及的东西，是值得的；"化身"进入别人的世界中，获得共鸣，是有价值的。这种"虫眼"观察法通常不会产出整齐的演示文稿或华丽的电子数据表。但它有时会比任何鸟瞰图或大数据视图更具启示性。人类学家格兰特·麦克拉肯（Grant McCracken）说："民族志就是同理心。你一直倾听，直到突然之间能像他们一样看待这个世界。"

接受这种"虫眼"方法并不容易。文化冲击是痛苦的，要让自己沉浸在一个陌生的世界中，需要时间和耐心。民族志不可能被轻易塞进一个忙碌的西方专业人士的日程里。然而，即使大多数人不能冒险去到像奥比·萨菲德这样的地方，我们也都可以接受民族志的一些原则：环顾四周，观察，倾听，提出开放性的问题，像孩子一样好奇，并尝试像俗语说的那样"换位思考"。它是有价值的，即便你是一个政治家、领导人、企业高管、律师、技术人员，或 21 世纪职业世界的任何角色——或者，更准确地说，尤其当你是上述"焦头烂额"的西方精英层的一员。

第 2 章

船货崇拜

为什么全球化会让英特尔和雀巢公司感到吃惊

"人类学可能无法为生命的意义这一问题提供答案，但至少它可以告诉我们，有许多方法可以使生命变得有意义。"

——托马斯·海兰德·埃里克森

（Thomns Hylland Eriksen，挪威人类学家）

2012 年 9 月，在美国加利福尼亚州山景城计算机历史博物馆里，宽广的会议厅里的氛围十分热烈但又不至于怪异。大厅外陈列着推动硅谷科技创新的物品，比如苹果计算机的早期版。还有一堆鲑鱼色的《金融时报》：这家报社正在主办一场企业辩论会，与会者包括科技公司和斯坦福大学的代表。我当时在美国负责《金融时报》的编辑业务。

这似乎与在塔吉克斯坦的山区有着天壤之别，但区别又似乎没那么大。我旁边的讲台上是吉纳维芙·贝尔——一个开朗的澳大利亚妇女，她留着一头褐色的卷发，在英特尔公司工作。早年间，她一直从事 20 世纪的人类学研究。她出生在悉尼，小时候她随母亲搬到了澳大利亚的内陆地区。在接下来的 8 年里，贝尔一直生活在邻近爱丽斯泉（澳大利亚的著名内陆城市）一个大约 600 人的原住民社区①。贝尔描述道："我辍学了，不再穿鞋，一有机会就和人们一起去打猎。"她学会了从沙漠中的青蛙身上取水，并以巫蛴螬（一种生活在树根中的澳大利亚毛虫）为食。"我非常幸运，我有一个很幸福的童年。"

多年后，贝尔获得了人类学博士学位，主要研究美国原住民文化，并成为斯坦福大学的教授。"人类学与其说是一种职业，不如说是一种心态，是一种看待世界的方式，我想摆脱都摆脱不掉。曾经有一位友人告诉我，我是一个不适合

---

① 在澳大利亚，对于用什么词来描述当地印第安人一直存在争议。通常使用的是"土著"一词，却被该群体认为不够尊重，所以我参考了澳大利亚大学的建议：https://teaching.unsw.edu.au/indigenous-terminology。

去度假的人。他说，'你总能把假期当成田野调查'，我回答他，'我是把生活都当成田野调查'。"

在 1998 年，贝尔的生活发生了一个奇特的转变。某天晚上，贝尔和一个女性朋友去了斯坦福附近的一个酒吧，她们与一个叫罗伯的企业家聊天，罗伯认为贝尔的背景将使她成为在技术领域工作的好人选。不久之后，世界上最大的计算机芯片制造商英特尔的一位管理者邀请她参观了他们在俄勒冈州波特兰的研究实验室。"但我对技术一无所知！"她反驳道。高管们则反驳称："我们看中的就是这一点。"他们已经有很多对计算机了如指掌的工程师。不过，这些工程师对购买包含这些计算机芯片的技术设备的人一无所知。英特尔为她提供了一份工作。

贝尔知道这是一个奇特的职业变动。在 20 世纪，一些人类学家已经转移到了商业领域，但许多人类学家对为大公司或政府工作的想法持谨慎态度，因为他们担心自己可能会变成像 19 世纪帝国主义时代的人类学家一样剥削他人。其中还存在一个文化问题：学习人类学的学生往往是不守规矩和反建制的；他们想分析规则，而不是遵守规则——无论是在公司还是在其他地方。

自从小时候吃过巫蛴螬后，贝尔就喜欢打破常规。虽然英特尔工程师可能看起来没有澳大利亚原住民群体那么奇特（至少对西方人来说），但他们代表了人类学研究的一个新领域。她想知道，如果将人类学的理念应用到 21 世纪的商业和技术领域，会发生什么？人类学能有实用价值吗？

"能吗？"当我们坐在计算机历史博物馆里的时候，我问她。

"当然！"贝尔宣布。她解释了她和一个社会科学家团队是如何努力将她（和我）所学到的经验注入企业界的。过程并不简单。工程师们不喜欢听人类学家这样陌生、奇怪的外来者的意见。她曾在会议上与英特尔首席执行官保罗·奥特利尼（Paul Otellini）正面交锋。但人类学家告诉英特尔的建议使他们避免犯下代价高昂的错误，并向他们展示了商业机会。原因很简单：西方企业和科技界的一个致命弱点是，其训练有素的工程师和高管倾向于假设每个人都应该像他们一样思考。他们拒绝、忽视或嘲笑那些看起来很奇怪的人类行为。而这种心态在一个全球化的世界里可能是灾难性的。

但是，我当时在想："你如何说服 21 世纪的工程师和管理者改变他们的思维方式？"这个挑战似乎是巨大的。

为了理解为什么像英特尔这样的公司可以且应该运用人

类学视野，我们需要暂停一下，思考笼罩着 21 世纪"全球化"的深刻悖论。某些意义上，我们生活在一个日益同质化的世界里，或者引用人类学家尤尔夫·翰纳兹（Ulf Hannerz）的说法——"可口可乐的殖民化"。近年来，全球各地的人们被资金、贸易、旅游和通信的纽带日益紧凑地联结在一起。因此，像可口可乐或计算机芯片这样的物品无处不在，给人留下了"全球同质化"的印象，甚至接近另一位人类学家大卫·豪斯（David Howes）所说的"文化殖民化"。但这存在一个问题：即便符号、思想、图像和人工制品可以随意地在世界各地流动，但这些东西对使用者来说，意义并不相同，更不用说感受和创作者一样的意图。一个可口可乐瓶可能看起来是一样的，"但在俄罗斯，人们相信'可口可乐'可以抚平皱纹，在海地它可以让人起死回生，而在巴巴多斯，它可以把铜变成银。"豪斯说。在电影《众神一定是疯了》中，博茨瓦纳卡拉哈里沙漠的昆人（Kung）部落将一个从飞机窗口扔出去的可乐瓶变成了仪式崇拜的一部分。虽然这个故事是虚构的，但这部电影的灵感来自人类学家对美拉尼西亚和其他地方的所谓货物崇拜的报告，这些货物崇拜是当年西方军队空投消费品时产生的，当地人接受并崇拜这些货物。这看似只是个细节，但它说明了一个关键问题：在不同的文化背景下，人们围绕物体创造了不同的意义之网。

正如曾代表20世纪学科重要力量的人类学家克利福德·格尔茨（Clifford Geertz）所观察的："人类是象征化、概念化、寻求意义的动物。从经验中找出意义，并赋予它形式和秩序的动力，对于我们来说，相比之下显然与我们更熟悉的生理需求一样真实和迫切。"此外，全球化一个令人讽刺的特征是，在商业和数字技术传播共同文化基因的同时，数字技术也使所有群体能更容易表达其文化和种族特性。诸如电视、广播和互联网媒介都帮助民族国家的少数民族推广了自己的语言。数字平台使散居国外的侨民能够聚集在一起，围着自己独有的象征，拒绝全球化的标识。（1985年的电影《可口可乐小子》中可以感受到这种令人愉快的幽默，该片讲述了一个澳大利亚小镇抵制全球饮料品牌的故事。）全球化在某些方面促进一致性的同时，在其他方面则促进了分离，使"可口可乐殖民化"成为一个矛盾的概念。

这产生了一些陷阱。导致可口可乐公司的高管们须吃一堑才长一智。在21世纪初，他们决定在中国销售瓶装茶饮料，但中国消费者则对该产品避之不及。他们感到很困惑，于是请了一些人类学家来调查。来自咨询机构ReD Associates的一个小组到当地做了调查，并指出绿茶对中国消费者和对美国消费者的不同意义。ReD 公司的联合创始人克里斯蒂安·麦兹伯格（Christian Madsbjerg）指出："对于总部设在美国南部亚特兰大的可口可乐公司的企业文化来说，'茶'这个词意味着一种清爽的甜饮料，可以搭配着烧烤一起喝。对于美国文化来说，茶是用于做'加法'：添加糖和咖啡因以获得午后的刺激。但在中国文化中，茶是用于做'减法'的。茶与冥想一样，是揭示真实自我的工具……人们能借助它减少刺激和干扰，如噪声、污染和压力。"

同样，在 20 世纪 90 年代末，美林证券公司试图在日本扩大其经纪业务，发起了一个广告活动，其中展示了公司的 Logo——公牛。在美国，公牛引起的是市场的乐观情绪。美林证券的高管一开始很欣慰地发现，调查显示日本消费者大多都认识公牛，但后来他们意识到，公牛在日本之所以被大众熟知，是因为它与韩国烤肉有关，而不是金钱。用费迪南·德·索绪尔（Ferdinand de Saussure）提出的一个概念来说，就是围绕消费品的所谓符码是与环境有关的。再次引用格尔茨的话，围绕物品和实践的"意义之网"可以有很大的不同。

据报道所知，瑞士巨头雀巢公司旗下的美国婴儿食品公司嘉宝（Gerber）在跨文化信息方面犯了一个更为严重的错误，成了西方营销课上经常讲的失败案例。20世纪中期，嘉宝公司试图通过在西非销售婴儿食品来扩大其国际业务，食品罐上印有一个微笑的婴儿图片，这在美国和欧洲是一个常见的广告形象。但在一些非洲文化中，罐子上的图片被认为代表了食品的成分。[①]"村民们习惯于看产品标签和图片来了解罐子里装的是什么食物，一些人看到图片后会认为，罐子里装的不是为婴儿制作的食品，而是用婴儿制作的食品，"豪斯写道，"他们在想，美国人是不是在食人？"

当然，在一个全球互联的世界中，文化差异会造成陷阱，但当人们愿意重新认识到"意义之网"不仅是不同的，而且可以变通，那么文化差异也可以创造机会。这不仅对像英特尔这样的公司很重要，而且对几乎所有在全球化世界中运作的人也同样重要。文化的变化和流动性可以产生一些令人惊讶的后果。而另一个与雀巢公司相反的一段经历是奇巧巧克力棒（Kit Kat）在日本的经营故事，再度印证了这一点。

在20世纪的大部分时间里，奇巧巧克力棒是一个完全诠释"英国"的食品。它源于英国维多利亚时代的贵格会员

---

① 雀巢公司没有证实这个故事的历史准确性。这个故事可能是捏造的。然而，它可能源于一些真实的事件，而且此后被广泛复述，说明了一个关键问题：假设别人的想法跟自己的一样就可能造成问题。

约瑟夫·朗特里（Joseph Rowntree）创立的糖果公司（并以他的名字命名），在整个 20 世纪，这种巧克力棒以"休息一下，吃点奇巧"和"英国最棒的简餐"的口号向英国工厂工人进行宣传。然后，在 20 世纪 70 年代，该糖果公司将这种英国品牌的饼干出口到其他国家，如日本。但销售情况很一般，因为在日本，许多母亲都认为这种饼干对她们的孩子来说太甜了。

但在 2001 年，奇巧品牌的日本营销主管（该品牌后来被雀巢公司收购）注意到一个奇怪的情况：虽然奇巧巧克力棒的销售通常很稳定，但在 12 月、次年 1 月和 2 月，它在日本南部的九州岛上的销量却猛增，且没有任何显而易见的原因。当雀巢公司的当地管理人员进行调查时，发现九州的青少年包括大学生注意到"奇巧"这个名字听起来与日本九州方言中的 *kitto katsu* 一词相似，意思是"一定会赢的"。这使得他们在 12 月到次年 2 月参加高考和中考时，购买奇巧巧克力棒作为幸运物。

最初，雀巢公司日本神户地区分公司的团队并不认为这种文化趣事有实际价值。位于瑞士沃韦的雀巢公司总部对全球品牌推广有严格的规定，因此该品牌在日本也不能改名为 *kitto katsu*。然而，这一发现是在一个关键时刻出现的：正如当地一名商学院教授指出的，奇巧巧克力在日本的销售情况不佳，雀巢公司的高管们正面临着寻找新战略的巨大压力。"休息一下"的营销标签在日本并不奏效，而消费者调查并不能解释原因。因此，营销团队做了一个实验：他们没有直接询问购物者这个饼干标签有什么问题，而是在几周的时间内，让青少年自己拍摄照片，说明他们脑海中对"休息一下"这个概念的想法，并将其贴在一块黑板上，不带指向性地，根据他们自己的想法来表达对这个概念的理解。这种方法在20世纪末首次出现在美国的营销界，借用了民族志的概念（后面会解释更多）。在日本经营的西方公司热衷于采用这种方法，因为跨文化的冲突往往让人困惑。

青少年们的照片显示，他们在听音乐、做指（趾）甲、睡觉……但没有一个人在吃巧克力。这揭示了一个关键问题。参加中高考的学生认为用巧克力来"休息"并不是真正的放松。他们向往的休息是真正的长时间休息。因此，雀巢公司在日本的营销主管和他的同事经过研究，决定淡化"休息"的标签，在本地广告中使用"*Kit(to)Sakura Saku!*"（意思是"愿望成真！"）的口号，并加上樱花的图片。

如果位于沃韦的雀巢公司总部的任何管理人员看到这些图片，他们可能会简单地认为这只是一幅漂亮的图片。但是，樱花也是日本人文化中考试成功的象征——这也是雀巢日本团队在不违反瑞士老板制定的规则的情况下，对"奇巧"进行最大限度的品牌形象重塑。然后他们说服考试中心附近的酒店向他们的客人免费发放奇巧巧克力，并附上一张明信片，上面写着"樱花一定会盛开"。"我们没有确切地告诉沃韦公司总部我们在做什么，因为我们知道这听起来很奇怪，"雀巢的营销主管后来告诉我，"我们想悄悄地进行，看看它是否能成功。"

这个办法成功了。奇巧巧克力棒的销量猛增，因为学生们开始把这种巧克力棒当作一种古老的日本民俗——"御守"（护身符）的新变体。"御守"是日本神道教的宗教神社在牧师祝福后卖给信徒的吉祥物。对外人来说，巧克力棒可能看起来不够神圣，没有资格获得这个标签。但日本人大都是务实的，而且，和所有文化一样，其符码比自己（或其他人）可能意识到的更可变通。2003 年，互联网门户网站 Goo 进行的一项消费者调查显示，不少于 34% 的学生开始使用奇巧巧克力作为护身符，仅次于使用在寺庙开过光的"御守"当护身符的 45%。到 2008 年，在所有参加考试的日本学生中有 50% 称自己使用奇巧巧克力作为护身符。社交媒体上充斥着这样的照片：青少年坐在考场的桌子上，低头祈祷（或者更准确地说，在令人恐惧的紧张状态中），手中紧握着红色包装的巧克力棒。

在神户的日本团队最终将情况告诉了沃韦的雀巢公司高级管理人员。瑞士高管感到震惊，但明智地没有阻止文化变异实验。后来，日本团队推出了一种奇巧巧克力盒子，上面有空白处可以让学生的家人写下祝福类的信息。然后他们说服日本邮政系统，将这些红盒子视为带有预付邮票的准信封。当2011年日本福岛地震发生时，雀巢公司高管说服当地的火车公司接受奇巧巧克力包装盒作为火车票。该团队还对口味进行实验。在英国，巧克力棒是一种三层的威化饼干，中间用香草隔开，外面覆盖着棕色巧克力涂层。但在2003年，日本团队在其中加入了稻草浆果粉，创造了粉红色的奇巧巧克力。第二年，他们将绿茶（抹茶）加入混合物中。因此很快就出现了整个彩虹系列的巧克力棒：一种紫色的巧克力棒，味道像红薯；另一种绿色的巧克力棒，味道像芥末；还有一些味道像大豆、玉米、梅子、甜瓜、奶酪和黄油。该公司甚至推出了一种特殊的"润喉糖"口味的巧克力棒，向支持参加世界杯的日本足球队的球迷致敬。"这种口味被称为 Kit Kat Nodo Ame Aji，翻译为奇巧止咳糖浆味巧克力，每一份含有 2.1% 的润喉粉……以提供一种新鲜和令人振奋的味道。"

一个日本当地网站解释说。这种"润喉糖"味道的巧克力棒被认为可以帮助球迷更大声地欢呼。

到 2014 年，这种巧克力棒已经成为日本最畅销的单一类型糖果，并且已经与日本文化密切相关，以至于它们被当作日本的纪念品在机场出售给国际游客。接着出现了另一个转折：2019 年，雀巢公司开始在包括英国的欧洲市场销售绿色抹茶味的奇巧巧克力。严格来说，这并不意味着它是从日本进口的食品，抹茶巧克力棒实际上是在德国的一家工厂生产的。但是，这一切远不是维多利亚时代在约克郡推出一款英国巧克力的英国贵格会员、创始人朗特里所能想象到的事情。瑞士沃韦的高管们印象深刻，以至于他们采取了一个曾经令人难以想象的举措：他们提拔了真木，这位还算年轻的雀巢公司的高管，他曾经负责很多 *kitto katsu* 活动（与石桥和高岗两人合作），在瑞士总部负责奇巧巧克力的全球营销战略。这是日本人第一次担任这一职务。真木告诉他的瑞士同事："这个故事表明，你必须跳出主流思维。"并向他们展示了日本青少年在考试中向红色包装的奇巧巧克力棒祈祷的照片。石桥也附和："最重要的是，你必须倾听消费者的声音，他们是怎么想的。你不能提前假设任何事情。"巧克力是如此，事实证明，计算机芯片也是如此。

1998 年，当澳大利亚人类学家吉纳维芙·贝尔（Genevieve Bell）来到位于俄勒冈州波特兰市的英特尔研发部门时，该公司正处于一个严峻的十字路口。在过去几年里，这个位于美国西海岸的公司已经成为世界上最大的半导体生产商，使其处于个人计算生态系统的中心。现在，形势正在发生变化。尽管英特尔在西方市场仍占主导地位，但现在其主要的增长来源是像亚洲这样的新兴市场地区。虽然英特尔以前向生产办公用电脑的公司出售芯片，但现在个体消费者是一个快速发展的需求来源。英特尔的高管们需要了解这些新的非西方用户，包括女性用户。对于大多数都是男性的英特尔工程师来说，这个群体特别神秘。贝尔后来解释说："我收拾好行李，搬到俄勒冈州，开始在一家我不了解的公司，一个我不了解的行业以及一个没有人了解的领域工作。我的老板告诉我，他们需要我的帮助来理解女性——所有的女性！"

"我说，地球上有 32 亿女性。他回答说：'是的，如果你能告诉我们她们想要什么，那就太好了。'"

贝尔加入了一个名为"人与实践研究"的小组，该小组主要由几十名设计师、科学家和认知心理学家组成，还有几位人类学家，如肯·安德森和约翰·谢里。安德森和贝尔一样，都有典型的人类学背景：他曾在亚速尔群岛实地研究音乐文化。研究小组已经开发了一些新的方法来研究美国的消费者：有一次，他们把一个改良的计算器贴在冰箱门上，自诩为"冰箱垫"，以观察消费者对让计算器进入厨房这个（当时）完全令人震惊的想法会有什么反应。谢里笑着说："冰箱垫真的引起了工程师的注意。"但贝尔的任务是将目光投向美国以外的地方，如印度（India）、澳大利亚（Australia）、马来西亚（Malaysia）、新加坡（Singapore）、印度尼西亚（Indonesia）、中国（China）和韩国（Korea）。她的助手用这些国家的英文首字母缩写 *I AM SICK*（我病了）来指代它们。

贝尔首先从当地的大学和咨询公司招募民族学学者，他们在这些国家的家庭中住上几天，观察这个家庭如何工作、生活、祈祷和社交，以及技术是如何融入其中的。这不完全是马林诺夫斯基和博厄斯的后人所推崇的那种参与式观察，但向其借用了一些想法：研究人员没有依赖统计和调查，而是运用观察和开放式对话。用格尔茨的话说，其目的是研究人们赋予其生活中的物品的"意义之网"，并对这些文化模式进行"深度的描述"。因此，人类学家在研究开始时，并没有问消费者"你对计算机有什么看法"，而是首先观察人们的生活内容，并试图观察和想象计算机可能嵌入生活的场景。这就引出了一个问题：如果人类学家在观察整个画面并提供

"深度的描述"，他们怎么能知道该关注什么？答案就在于寻找规律和符码。正如奇巧巧克力棒在日本和英国可能有不同的"意义之网"一样，人们对计算机的态度也会因环境而异。在马来西亚，贝尔看到有的穆斯林社区使用手机的全球定位系统（GPS）来定位麦加的方位并进行祈祷。在亚洲其他地区，有些家庭将手机的纸模型烧掉，作为祭品，供祖先们在来世使用。在中国，有人把手机带到寺庙去开光祈福。贝尔在中国还遇到一位手机店老板，对方拒绝向她出售手机——即使还有很多库存——因为他没有一个吉利的手机号码。"这就像《巨蟒秀》（一个英国喜剧演出）中的一幕，"她回忆说，"我可以看到堆成山的手机，但他坚持说没有手机可卖。"

空间模式也很重要。她说："我与一些美国人和一些马来西亚人有过愉快的交流时光。我向他们解释，亚洲和美国之间的差异之一是需要与人们住宅的大小和功能配置。英特尔对数字家居非常感兴趣，而我们必须对我们就数字家居所做的假设保持谨慎。"当一位美国设计师说他的每个孩子的房间里都有一台计算机时，她解释说："马来西亚人会说，'哇！你的孩子有自己的房间，他们不寂寞吗？'"美国人对马来西亚人的反应感到惊讶。马来西亚人也对美国人竟然会感到惊讶而再度惊讶。

对贝尔和团队的其他成员来说，将这些发现反馈给在美国英特尔的工程师并不容易。工程师们被训练于用数据来解决问题，但人类学家更喜欢用讲故事来解释文化。贝尔到任几年后，当时的英特尔首席技术官帕特·盖尔辛格（Pat Gelsinger）向一位记者承认："你把这些'软'学科的科学家，与设计芯片等英特尔非常熟悉的东西的'硬'学科的科学家进行比较的话，要合理化和衡量高质量的研究就更难了。"或者正如谢里所说："你所面临的是一个在许多层面上的文化转换问题——在科学家和人类学家之间。"

但英特尔人类学家试图弥合这一鸿沟。贝尔在波特兰的英特尔办公室的墙上贴上了"ROW"——"世界其他地方的人"（Rest of the World）——使用计算机产品的巨大照片。她用讲故事的方式向工程师传递这些想法，虽然有时他们会拒绝这些信息。在研究早期，人类学家向英特尔高管报告说，世界各地的消费者正以惊人的速度接受手机，并建议公司关注这一点。这个建议最初被搁置了（分析家们后来认为这是英特尔犯的一个战略错误）。此外围绕纸张问题也发生了一场大的争论。许多英特尔的工程师相信，未来的办公室将是"无纸化"的，因为他们已经习惯了线上工作，并认为其他人也想这样做。但是，当人类学家与那些不是硅谷工程师的人交谈时，他们意识到，消费者喜欢纸张是出于情感上的原因。贝尔评论到："这就是人类学家所说的持久而顽固的人工制品。"

在其他领域，按照盖尔·辛格所说，人类学家确实对公司战略发挥了"真正的影响"。直到21世纪初，英特尔公司的人员倾向于认为，由于马来西亚的人均财富较低，很难将个人电脑卖到这样的市场。然而，人类学家可以看到，大家庭会集中财富，投资许多其他产品，并高度重视教育。于是他们提出了一个想法：为什么不尝试将个人电脑定位为一个大家庭可以用来让下一代参与教育的产品呢？这个想法奏效了，个人电脑的销量上升了。然后，贝尔注意到，在中国家庭中，人们普遍担心个人电脑可能会分散孩子们做作业的注意力，人类学家向工程师们建议，英特尔的设计师们可以设计一种特殊的"锁"，可以装在电脑里，防止孩子们玩电脑游戏。英特尔工程师随后与一家中国个人电脑制造商合作，创造了这种"中国家庭学习型电脑"，并在2005年上市了此款产品。它卖得很好。谢里说："起初，工程师们根本不想听我们的意见，至少在看到一个成功的案例之前。但一旦他们看到了潜在机会，他们就不想在没有我们的情况下做任何事情。"

随着时间的推移，人类学家慢慢赢得了公司的尊重。贝尔被提升为"用户研究总监"，并负责一个名为"数字家居"

的业务部门；另外两名社会科学家——埃里克·迪什曼（Eric Dishman）和托尼·萨尔瓦多（Tony Salvador）——分别被要求负责"数字健康"和"新兴市场"团队。随后，实验愈演愈烈：当工程师们将计算机和芯片装在人们家庭、办公室和汽车的每一个角落时，人类学家们也跟随其后，观察他们所能看到的一切。

在 2014 年，贝尔和另一位名叫亚力山德拉·扎菲罗格卢（Alexandra Zafiroglu）的人类学家来到新加坡的一个地下停车场，与一位开着白色越野车的"弗兰克"见面。他们首先要求他把车内的每一件物品都拿出来，然后放在一张塑料布上，这样他们就可以爬上梯子拍照。车内物品有些是在预料之中的：汽车手册、电子设备手册、蓝牙耳机和一个可拆卸的全球卫星定位系统仪。但还有大部分东西不是：iPod、计算器、一系列 CD 和 DVD、汽车 DVD 播放器的遥控装置、无线耳机，以及一位记者后来报道的雨伞、高尔夫球杆、信用卡、玩具、糖果、洗手液以及弗兰克母亲送给他的一尊小佛像和佛像所用的防滑垫。对工程师来说，这些似乎是"垃圾"，与工程师精美的计算技术无关。弗兰克本人似乎对这些"垃圾"感到尴尬。贝尔和扎菲罗格卢遇到的所有其他车主也是如此，他们从不主动谈论这些东西。这些杂物并没有完全被隐藏起来，但也没有被看到；或者说，直到贝尔和扎菲罗格卢把它们摊开在塑料布上。

但是，作为人类学家，贝尔和扎菲罗格卢认为，没有什么东西只是"脏乱"或无关紧要的。我们为之感到难堪的东西是具有启示性的。塑料布上的物品揭示了两件事。首先，人们"正在利用他们的汽车来得到社交安全，而不仅仅是物理上的安全"，通过物品的象征意义，来划定和保留他们的"领地"。"例如在马来西亚和新加坡，我们惊讶地发现，人们全年都在他们的汽车里放着红包。"其次，汽车司机并未如预计般使用新技术设备。工程师在汽车上安装了"嵌入式语音指令系统"，以减少分心驾驶，并轻率地认为这一创新正在被使用。这是因为当司机被直接问及有关该系统的问题时，他们告诉研究人员自己正在使用它。但是，当人类学家观察司机的实际行为时——而不是他们所说的——他们发现，每当司机在交通中感到无聊时，他们就会伸手去拿他们的个人手持设备，并使用这些设备，而不是工程师所精心设计的语音指令系统。人们显然在"说一套做一套"。

贝尔敦促工程师们接受这种现象，而不是仅仅忽视或嘲笑它。贝尔建议，工程师们应该设计出能让消费者将自己的个人设备与汽车同步的产品，而不是假设司机会简单地使用汽车内的设备。这里有一个更大的教训：工程师们以前倾向于从一个创新的想法开始，并把它强加给其他人；人类学家则敦促他们从形形色色的用户的角度来看这个多样性的世界，并针对用户设计产品。或者正如贝尔在计算机历史博物馆告诉我的那样，她一直试图传授的课程是："这可能是你的世界观，但不是每个人的世界观！"这句话说起来很简单，但要记住却很难。

到 2015 年，社会科学团队的重点正在发生转变。贝尔刚加入的时候，研究小组的大部分时间都在研究消费者对技术产品（如电脑）的反应，以及这些产品如何融入人们的生活。这与马林诺夫斯基、米德和博厄斯的学界晚辈研究人、人工制品、仪式、空间和符号之间互动的方式相呼应。然而，随着 21 世纪的到来，网络空间变得越来越重要，人们的注意力更多地转向了网络。机器不再仅仅是被动的物体，而是几乎有行为能力的互动设备。这给人类学家带来了新的问题：当机器开始拥有自己的"智能"时，人类该怎么做？文化可以被编入人工智能吗？人类学家是否应该像研究新的"他者"一样研究智能机器？他们怎样才能探索网络，而不仅仅是其中的"物"和人？谢里认为："人类学现在提供的不仅仅是关于用户的体验。它是关于对技术的整体看法，例如思考我们需要什么样的护栏以确保我们能道德地开发产品。"或者如安德森所观察到的："人类学最初是在进化和比较的框架内研究'人'这种动物。到今天，人工智能的新实例向我们提出了挑战，挑战我们去考虑作为人类或者非人类的意义。它使人类学超越了人类。"这也给工程师们带来了大量的新问题。英特尔首席科学家拉玛·纳赫曼（Lama Nachman）说："我们正在从之前工程师只关心什么是技术上可行的设计，转而考虑我们应该设计什么？这是与过去完全不同的。为此，我们需要关注社会环境。"

因此人类学家开始研究围绕人工智能的"意义之网"。这揭示了一些微妙但惊人的区别。例如，在德国，消费者似乎乐于接受将人工智能用于老年人的家庭护理设备，但前提是这些人工智能设备的数据不能在家庭外部共享。研究人员认为这是由于民间对过去政府实施监控的记忆所造成的。相比之下，在美国，人们不太关注人工智能收集的数据是否会在家庭内部或外部共享，而更多是对消费者是否能够"控制"机器感到不安。

由安德森领导的四人小组进行了一系列研究。一些观察结果并不特别令人惊讶。在美国各地，该小组观察到围绕人工智能的"道德恐慌"，这与西方媒体的语气相呼应，后者一直在警告这些技术会威胁到美国的核心价值观，如隐私和自由。然而，当人类学家观察人们的实际行为而不是话语时，他们看到了与此前在别人的汽车里看到的"脏乱"一样多的不一致之处。研究小组指出："迈拉的圣·尼古拉斯校长最近部署了一个面部识别系统……以监测有谁进出学校。"但是，学校只监控成年人，而不是孩子，以确保"安全"和"道德"——尽管他们实际上要努力保护的是孩子们的安全。当研究人员问及为什么学校需要一个人工智能系统时，教师们认为，"该系统允许校长和接待人员识别和问候每个人，从而培养一种社群的感觉……并确保孩子们是安全、快乐、健康和圣洁的。"（没有人能够解释，人工智能是如何确保孩子们"圣洁"的。）同样，在洛克郡的警长部门，安德森发现，虽然警察被允许使用"面部识别软件，在一个分布式犯罪解决小组中……警长办公室的指导方针非常明确，视频不来自任何城市或县的公共摄像头，它只来自私人住宅或商业摄像头"。为什么来自住宅摄像头的录像被认为是可以接受的，而政府摄像头的录像却不是，这对研究人员和警察来说都是一个谜。

与美国人相比，中国人对面部识别系统的反应有很大不同。该团队解释说："在中国，普遍的假设是，政府的存在是为了保护人民的安全。"在中国,面部识别已经变得十分普遍且日常。安德森指出:"我们看着肯德基的顾客在屏幕上快速点餐,然后微笑一下以付款。"这些只是城市生活中正常的、日常的一部分。大多数中国人认为科技创新本身是积极的,因为这将引发更多的增长,使中国在世界上更加强大。在中国人和美国人比较机器和人时,也存在着微妙且重要的差异。美国人害怕机器做决定,部分原因是《2001:太空漫游》等电影对流行文化的影响(该电影显示一个名为"哈尔"的人工智能系统接管了一艘宇宙飞船,造成了可怕的后果)。在中国,与计算机而不是人打交道有时感觉是一种进步。该团队的研究表明,美国人认为只有他们知道技术是如何、应该如何以及能够如何融入生活,而这是个错误的观念。这还意味着,研究差异是有价值的,因为它可以使每种文化的想法变得更加清晰明了。鉴于跨越国界的不仅是技术,还有思想和态度,它还可以提供关于未来的线索。当安德森在2017年开始这项研究时,许多美国人对生活中出现任何类型的面部识别技术都极其抗拒。然而,到了2020年,他们和中国人一样,对这一曾经陌生的创新表现得几乎无动于衷,因为它已经被嵌入一些设备中,如新的苹果智能手机。这就提出了另一个紧迫的问题:如果想法和技术以超出几乎所有人预期的速度不断跨越国界并发生变异，那么如何才能界定极限？"现在的重点是以道德的方式满足人工智能等领域的用户需求，"纳赫曼解释说，"为此，你需要社会科学家和工程师协同工作。"

美国人认为，只有西方人才会提出这样的问题或表达这些顾虑。然而，连这种假设也是错误的。当英特尔在 2008 年首次进入中国市场时，"人类学"的概念在大多数中国大学里几乎不为人所知。① 然而，在 21 世纪初，英特尔在复旦大学等地聘请了一些受过社会科学其他分支培训的中国学者来做研究。其他公司也是如此。这个概念传播开来，一群复旦学者随后创建了一家名为睿丛无界的咨询公司，自称是"中国第一家以应用人类学为特色的咨询公司"，融合了民族学和数据科学。然后，在 2020 年夏天，在中国社会科学院工作的，自称为商业人类学家的张劼颖，在微信公众号上发布了一份充满感情的备忘录。

"人类学的价值在于，为全球化时代提供跨国的文化翻译。"她指出美国公司，如微软、英特尔和苹果雇用了许多人类学家，称它们正是以此为目的。张劼颖敦促中国的公司也

① 中国在 20 世纪初确实有一个新兴的社会科学传统：社会学家费孝通在 1947 年写过一篇关于中国社会的杰出研究报告（注：《乡土中国》）。

采纳这种做法，因为他们也需要理解全球化带来的特殊的文化矛盾和"意义之网"。"今天中国的科技公司、数字产品想要走出中国，也需要人类学的文化翻译。"

张劼颖还强调，中国企业需要引进人类学的理念还有一个原因：伦理。她说："人类学对于科技发展的潜在价值还在于，它是具有警示作用的蜂鸣器。"这听起来与英特尔团队所说的不谋而合。思想有时会移动和变异，其方式甚至比巧克力棒的进化更令人惊讶。①

2020 年底，在我第一次在山景城的计算机历史博物馆见到贝尔大约八年后，我再次通过电话与她沟通。那时，商业人类学的世界——以及贝尔本人——已经继续向前发展了。三十年前，很少有人类学家在企业界工作。然而，到了2020 年，具备民族学技能的社会科学家已经进入了许多科技集团。例如在英特尔建立其团队前不久，人类学家，如露

---

① "全球化"一词经常被抛来扔去，好像它是一个单一的东西，其实不然。正如 DHL 和纽约大学斯特恩商学院的一组优秀标准所显示的，全球化（至少）有四个组成部分：货物、资金、人员和思想的流动。在 21 世纪，由于互联网，最后一类的全球化爆发速度比其他类别快得多。https://www.stern.nyu.edu/experience-stern/about/departments-centers- initiatives/centers-of-research/center-future-management/dhl-initiative-globalization。

西·苏赫曼（Lucy Suchman）、朱利安·奥尔（Julian Orr）、珍妮特·布隆伯格（Jeanette Blomberg）和布里吉特·乔丹（Brigitte Jordan）在施乐公司开发了开创性的研究理念（后面会有更多介绍）。布隆伯格随后在 IBM 与梅丽莎·赛弗金（Melissa Cefkin，后来加入日产）一起工作。内尔·斯蒂尔（Nelle Steel）、唐娜·弗林（Donna Flynn）和翠西·洛夫乔伊（Tracey Lovejoy）在微软建立了一个研究团队，而微软最终成为世界上最大的人类学家雇主之一。阿比盖尔·波斯纳（Abigail Posner）在谷歌发展了社会科学，雇用人类学家顾问，如：汤姆·马斯奇奥（Tom Maschio）和菲尔·苏尔斯（Phil Surles）。苹果公司建立了一个包括乔伊·蒙福德（Joy Mountford）、吉姆·米勒（Jim Miller）、邦妮·纳迪（Bonnie Nardi）等人的团队。消费品公司也在雇用人类学家。事实上，这一趋势变得如此明显，以至于 2005 年英特尔的安德森与微软的洛夫乔伊联手创建了一个专门的论坛来发展商业人种学，被称为"行业人种学实践会议"，更为人所知的名字是EPIC。这个奇怪的名字让大多数外行感到困惑。但也有一个好处：这个神秘的名字听起来比"人类学"更让技术人员印象深刻，因为"人类学"给人一种异域的、史前的感觉。

　　并非所有的人类学家都认为这是该学科的一次胜利。在

EPIC 开始获得成功的同时，一些学术界的人类学家却非常反对同行为企业界工作的想法。英特尔公司的另一位人类学家卡蒂·吉特娜（Kathi Kitner）在印度的一次研究旅行中，与一位化名"特里普"的学者的遭遇很有代表性。一天晚上，特里普和吉特娜边抽烟边聊天，"当我们抽烟时，特里普深深吸了一口，问道：'作为人类学家，你怎么能在英特尔这样的地方工作的？'"吉特娜后来回忆说："我知道她真正想表达的意思。他们不是把你的灵魂从你体内吸走吗？难道你不讨厌为了公司的利润而出卖人们的生活吗？在资本主义野兽的肚子里工作是什么感觉？你怎么能在如此不道德的条件下工作？你是不是已经出卖了原则？"

吉特娜回答说："没有。"她认为，她在英特尔的工作是有价值的，因为她在帮助工程师获得对他人的同理心。或者像贝尔解释的那样，"我们要做的是向人们展示，科技不仅仅是为加州一群 20 多岁的白人男子设计的，也不仅仅是由他们设计的"。然而，一些学者中继续涌现出不安的情绪。即使是商业人类学的爱好者，也担心他们的方法会被淡化，以至于被归入"用户体验"（称为 USX 或 UX）研究、人机交互（HCI）、以人为本的设计、人因工程等活动中去。

还有一种担心：为一个公司工作会使人类学家受到"企

业流行"变化的摆布。英特尔也不例外。在 21 世纪的前十年里，公司争先恐后地雇用人类学家，因为它想利用这些研究来赢得客户。但在第二个十年中期，出现了公司重组的浪潮，社会科学家被分散到不同的业务部门，他们的人数在减少。这一部分原因是英特尔自己的客户也在雇用他们自己的民族学专家，而且公司不再位于围绕个人电脑的单一生态系统的中心。另一部分原因是英特尔正面临着越来越多的战略挑战，因为亚洲的竞争对手正在抢夺芯片领域的市场份额。到 2020 年底，英特尔甚至成为社会活动人士的目标。从理论上讲，这意味着公司比以往需要更多而非更少的创新思维者，以突破思维框架，想象未来，并分析公司内部和外部的文化形态。然而实际上英特尔公司（就像其他几乎所有处于这种情况的公司一样）的反应却是削减那些被管理者视为"非核心"的活动。

因此，贝尔又一次重新塑造了自己。2017 年，她回到澳大利亚，虽然她仍然是英特尔的高级研究员，但她成了澳大利亚国立大学一个名为 3Ai 的创新研究所的主任。在那里，她建立了一个看似怪异的组合：人类学家、核科学家、科学家和计算机专家在一起，创建一个新的工程分支，"安全、可持续和负责任地"建设一个人工智能的未来。她从英特尔招募亚力山德拉·扎菲罗格卢（Alexandra Zafiroglu）加入她的团队。她的想法是，正如可编程计算机的发明导致了软件工程师在 20 世纪的出现一样。在 21 世纪，网络物理系统将创造一种新型的工程师，一种目前还没有名字的工程师。她还加入了澳大利亚政府关于人工智能、科学和技术的咨询委员会。

"这离你一开始做的可差得真远啊，"我笑着在电话中说，脑海中突然浮现出她小时候在澳大利亚内陆地区吃巫蛴螬的画面。想到自己在奥比·萨菲德的日子，我本还可补充说，这离我们两人的出发点都很远。但贝尔不这么认为。当人类学家第一次研究澳大利亚原住民时，他们就是在探索新的领域或看似"奇怪"的文化。而在英特尔公司，贝尔在一些"奇怪"的地方，如新加坡的地下停车场，为类似的目标奋斗。现在，她正在探索一个新的"奇怪"领域：人工智能。这些努力的共同主线就是她在计算机历史博物馆告诉我的目标：我们需要告诉强大的西方精英："这可能是你的世界观，但它不是所有人的！"

她强调，企业高管们需要听到这个消息，技术人员也是如此。然而，还有一个群体也需要听到这个信息：政策制定者。忽视其他观点对全球时代的企业来说是有害的，对处理传染风险（如疫情）的政府也是如此。

第3章

传 染 病
为什么单靠医学无法控制疫情

"人类的多样性使宽容不仅是一种美德，它使宽容成为生存的需要。"

——雷内·杜伯斯（René Dubos，法国微生物学家）

2014年夏末的一天，留着白胡子的人类学教授保罗·理查兹（Paul Richards）坐在英国政府总部白厅的海军部大楼内一间有着18世纪装潢风格的会议室里，墙上挂满了英国政要的油画。在一张锃亮的桃花心木桌子对面坐着克里斯·惠蒂，一位秃顶的医生，他是英国政府海外援助的首席科学顾问，也是受人尊敬的传染病专家。

惠蒂的担心是有原因的。几个月前，一种名为埃博拉的高度传染性疾病开始席卷英国的前殖民地塞拉利昂和邻近的利比里亚和几内亚。世界卫生组织和无国界医生组织等团体已赶赴当地阻止这种传染病的蔓延。英国、法国和美国政府也是如此。美国奥巴马政府甚至向利比里亚派遣了 4 000 名士兵。世界上最好的医疗专家也在为利比里亚的医疗服务而努力。哈佛等世界上最好的医学专家都在研制疫苗，计算机科学家们也在使用大数据工具来追踪病毒的传播。

但是，没有产生任何效果。埃博拉病毒不断地在西非的广阔土地上蔓延。欧洲和美国的政府都已做好了病毒即将席卷而来的准备。华盛顿的疾病控制中心警告说，人类与该病毒的斗争形势极其不利，如若没有什么能够扭转乾坤的东西，否则全球将有超过 100 万人死亡。为什么计算机和医疗科学在西非失败了？西方的科学专家是否错过了什么？

理查兹不知道是该笑还是该哭。几十年前，一位名叫诺曼·泰比特的英国内阁部长在一座类似的白色灰泥建筑中工作时宣布，资助人类学家是在浪费公共资金，因为他们只是做一些不相关的研究，比如"对上沃尔特河谷当地人的婚前习惯的研究"。理查兹则完全象征着泰比特不屑的那种人。

他来自英格兰的奔宁山谷，以地理学家的身份开始了他的职业生涯，但后来花了 40 年时间在塞拉利昂森林地区的门德族中进行耐心的参与式观察，住在他们中间，说他们的语言，并与当地妇女埃斯特·莫库瓦结婚。莫库瓦本人就是一个经验丰富的研究者，她也坐在红木桌旁，面对着惠蒂。理查兹是农业实践方面的专家，但对门德族的仪式着迷，因为他信奉一种以法国知识分子埃米尔·杜克海姆的名字命名的"杜克海姆"哲学，认为宇宙观决定行为（反之亦然）。理查兹笃信，仪式是重要的，无论是结婚仪式、死亡仪式，还是其他任何仪式。

泰比特对此不屑一顾。但在 2014 年，历史出现了一个怪异的转折。随着埃博拉病毒的蔓延，出现了一些在西方人听来非常奇怪的有关行为和信仰的报告："病人逃离医院，躲避援助人员，攻击（和杀害）医护人员，为埃博拉病死者举行葬礼，在葬礼上直接触碰有高度传染性的埃博拉病死者的尸身。"惠蒂说："我听说人们亲吻尸体。"西方记者以惊恐的方式报道了这个细节；这唤起了人们对约瑟夫·康拉德的小说《黑暗之心》中所描述的那种异域的种族主义的认知。

"他们不会无缘无故地亲吻尸体！"莫库瓦反驳道。她来到白厅大楼，为她死去的同胞们感到悲痛，但她也非常愤怒。她告诉惠蒂，防疫政策出错的主要原因是，西方医学"专家"只是通过他们自己的假设而不是以当地人的眼睛来看待事件。如果没有一些同理心，或者尝试"熟悉化"陌生事物，那么医学和数据科学将毫无用处。当他们走出会场时，理查兹发现华丽的房间门口墙上有一块历史牌匾——他突然笑了出来。这间会议室曾经摆放过纳尔逊上将的尸体，他是受人尊敬的英国海军英雄，在1805年的特拉法尔加海战中阵亡。死后，他的尸体被腌制在一桶白兰地中，由一艘名为"泡菜号"（是的，真名）的船带回英国。[①] 大约15 000名哀悼者前来表示敬意——触摸和亲吻他被白兰地浸透的尸体。

"如果纳尔逊得了埃博拉病毒，伦敦的每个人都会感染上病毒！"理查兹指出。惠蒂笑了起来。然而，理查兹试图强调一个严肃的观点：任何文化都无权将其他文化斥为"奇怪"，因为其自身的行为也可能被他人认为很奇怪。特别是在疫情中。

"埃博拉"这个词源于非洲刚果深处一条河流的名字。1976年，医生们报告说在埃博拉河周围出现了一种奇怪的、

---

① 我不是在编故事，这确有此事。如果你觉得好笑或者尴尬，请问自己为什么？从你的反应中，是否认识到自己是如何定义"正常"？可以参考奈飞系列剧《王冠》，看看乔治六世的尸体是如何被防腐和展示的，而这就发生在距今不远的1952年。人们对"正常"的定义在改变。

可怕的、新的"出血热"。它开始时是出现发烧、喉咙痛、肌肉疼痛、头痛、呕吐、腹泻和皮疹等症状，经常导致肝脏和肾脏衰竭以及内出血。美国约翰·霍普金斯医学中心观察到，"25% 到 90% 的感染者"死亡，"平均病例死亡率……约为 50%"。这与欧洲 13 世纪的黑死病死亡率相当。①

在随后的 30 年里，这种疾病在非洲的不同地区相继暴发，但随后逐渐消失，因为感染者死得太快了。这种情况在 2013 年 12 月发生了变化，当时一名两岁的儿童在几内亚的一个村子里被感染。该村子就位于盖凯杜（Gueckedou）镇周围，靠近 19 世纪的殖民者人为划分的边界，将广袤的西非森林生硬地划分为"几内亚""塞拉利昂"和"利比里亚"。当地居民彼此有着紧密地联系，不时穿梭边界内外，疾病迅速蔓延。

一位名叫苏珊·埃里克森的美国人是最早听说埃博拉病毒的西方人之一。她年轻时曾在塞拉利昂待过几年，作为美国和平队的一名理想主义志愿者。随后，她在 20 世纪 90 年代回到大学攻读人类学博士学位，不过加了点变化：她将文

---

① 正如医学人类学家保罗·法默（Paul Farmer）所强调的那样，死亡率差异很大的原因是埃博拉病毒的影响在不同社区之间有很大的不同，这取决于贫困程度、医疗保健和基础设施。

化分析与医学研究相结合。该学科的这一分支被称为"医学人类学",倡导一个核心理念:人体不能仅仅通过理科学科知识来解释,因为疾病和健康需要通过文化和社会背景来理解。医生们通常从生物学的角度来看待人体。然而人类学家玛丽·道格拉斯(Mary Douglas)指出,在很多文化中,身体也被视为"社会的形象",反映了人们对污染和纯洁等问题的观念。这影响了人们对健康、疾病和医疗风险的看法。抑或如道格拉斯在她参与合著出版的一本关于"核、环境和医疗风险"的书中所说,由于"对风险的认识是一个社会过程",每种文化"都偏向于强调某些风险而淡化其他风险"。例如:在疫情期间,人们通常会坚持"自己"所在的群体"同在",无论该群体是如何被定义的。这意味着人们通常过度强调来自群体之外的风险,而低估自己群体内部的风险。纵观历史,大流行病一直与仇外心理有关,以致人们对国内感染风险的警惕性松懈。

埃里克森最初希望利用医学人类学来研究塞拉利昂人民的生殖健康。但在20世纪90年代,该地区爆发了一场残酷的内战。因此,她将重点转向德国,最后由加拿大西蒙弗雷泽大学的学术基地重新转向塞拉利昂,探索数字健康技术如何影响公共卫生。2014年2月27日,她在塞拉利昂首都弗里敦的一个出租房里睡醒，伸手拿起手机，在网上看到关于"类似埃博拉的奇怪出血热"的新闻。"我就想，最好关注一下。但我并不太担心。我看到很多这样的'可怕的疾病'新闻。"她回忆道。然后，当卫生部召集政府官员和无国界医生组织（MSF）、联合国儿童基金会和世界卫生组织等团体的代表开会商量应对措施时，埃里克森的研究小组参加了会议，做了一些参与性观察。

研究小组的现场笔记写道："一位管理人员在会议开始时概述了埃博拉病毒及其传播的威胁。然后会议主持人转向任务组：'我们有一个（抗击埃博拉的）通用模式，但我们需要把它本地化，让它成为塞拉利昂模式。"据他的解释，这个通用模式是世卫组织的一份文件，来自乌干达的（早期的埃博拉事件），需要根据塞拉利昂的具体情况进行修改，'我们在这里是为了制订监测和实验室计划。'"

笔记接着写道："从听众们的反应来看，好像在场的以前都做过这些工作。小组开始讨论监测工具——回顾评估疑似和确诊埃博拉病例的标准。大家开始争论需要培训的人数，需要接受 RRTs（快速反应小组）培训的人数。大家计算出，塞拉利昂全国有 1 200 个公共卫生单位（PHU）（卫生站），加上私营部门的诊所，每个 PHU 有 2 个 RRT，意味着有

2 500 人需要接受培训。"

在与会者看来，这次谈话似乎并不引人注目。塞拉利昂官员遵循的是世卫组织等国际组织制定的、经全球卫生科学认证的抗击传染病的剧本。但当埃里克森听完后，她感到很担心。官员们像护身符一样抛出各种缩写词，以抵御危险，发出代表权力的信号，并解锁来自西方捐助者的捐赠资金。她以前曾多次看到这种情况。然而，塞拉利昂人缺乏对埃博拉病毒做出自己决定的权利，也没有人问什么才是对塞拉利昂人最好的，以及潜在的埃博拉患者会想要什么。这真的是抗疫的最佳方式吗？埃里克森感到惶惑。

两周后，3 月 11 日，一个基于波士顿的"健康地图"（HealthMap）技术平台发布了关于埃博拉的全球警报。这似乎是美国创新的一个胜利。在这之前，一直是世卫组织向世界发出关于新疾病暴发的警告。但是，获得谷歌资助的 HealthMap 公司"捷足先登"失败。《时代》杂志的故事标题是"来认识预知埃博拉即将到来的机器人！"配着可怕的照片：穿着白色防毒服和戴着护目镜的医护人员在非洲丛林里。《快速成长公司》杂志则宣称"这个算法如何比人类更早检测到埃博拉病毒的暴发！"这一消息引发了西方医学界和技术人员的轰动。似乎这些计算工具不仅可以追踪疾病，还可以预测它下一步可能传播的地方，从而将埃博拉病毒迅速击垮。在哈佛大学医学院，一位名叫卡罗琳·巴基（Caroline Buckee）的英国研究员曾分析了 1 500 万部肯尼亚手机的记录，以追踪疟疾的传播。她希望对埃博拉病毒采取同样的措施，并要求使用电信公司"橙记"（Orange）在利比里亚的手机数据以达到这一目的，她表示："手机的无处不在真正改变了我们对疾病的思考方式。"

然而，在半个地球之外的弗里敦（塞拉利昂首都），埃里克森却开始担心起来。"鸟瞰"下的数据科学似乎很厉害，但以"虫眼"视角来看就不是这样了。其中一个原因是，像 HealthMap 这样的网站倾向于追踪英语新闻，而不是非洲当地语言或几内亚使用的法语。为疟疾开发的模型也无法保证可以直接移植用于抵抗埃博拉。当地只有几个可靠的手机信号塔来发送最重要的通信指令"ping"。最重要的，也是英特尔曾面对的问题是：任何人（尤其是西方技术人员）假设其他人皆与他们的生活态度相同是个错误。在美国或欧洲，人们通常与他们的手机有一对一的关系，这些设备被视为"私人"财产，是自我的延伸。对西方人来说，失去手机几乎就像失去了自己身体的一部分。在塞拉利昂却不是这样。据埃里克森的观察："手机被出借、交易，在家人和朋友之间使用，就像衣服、书籍和自行车一样。一部手机可以被一大家子用，在农村，还可以被邻居或者整个村子用。"因此，虽然电话记录显示塞拉利昂的电话保有率占人口的94%，但与西方技术专家所假设的不同，这并不意味着每个人都有手机；一些人在任何情况下都可以使用电话，但其他人却一部都没有。通信指令不是人，想要单靠通信指令来建立准确的预测模型是不可能的。如果想让数据有意义，计算机科学就需要社会科学。

到2014年初夏，埃博拉病毒已快速蔓延。在全球多个健康组织的建议下，塞拉利昂、几内亚和利比里亚政府推出了埃里克森在3月份就听到有人讨论的标准化方案：实施隔离和封锁，命令病人去隔离中心，即"埃博拉治疗中心"，并禁止感染者与家人和朋友见面（更别说接触）。他们还坚持要求以"安全"（无接触）的方式埋葬所有死亡者的尸体，因为尸体上的病毒具有极高的传染性。这一切信息被贴在海报、广播公告和小册子上。

在西方人看来，这些政策是完全合理的。但是，似乎有悲剧在悄然酝酿。另一位名叫凯瑟琳·波尔坦（Catherine Bolten）的人类学家对此有一个令人感到心惊的看法。在埃博拉病毒暴发的几年前，她曾在北部地区首府马克尼（Makeni）的一个丛林小镇进行实地工作。回到美国后，她与那里的朋友保持密切联系，例如：在马克尼大学工作的一位当地律师，名叫亚当·戈根。当埃博拉病毒在 2014 年初夏蔓延到戈根所在的地区时，他每天向波尔坦发电邮报告实时情况。

戈根所在的村庄是少数服从政府命令的村庄之一，因为村长会说英语，经常收看 BBC，与当地的一个非政府组织关系良好，因此理解世卫组织的抗疫规则。他把村子与外界隔绝开来，实行隔离。所有人都活下来了。然而，管理邻村的酋长采取了另一种做法。他宣称埃博拉病毒的来源是巫术诅咒，并拒绝将任何感染埃博拉病毒的人送往"排他性"医院或实施封控管理。戈根和波尔坦在后来的一篇联合文章中解释道："他们认为只有邻居才会认真照看他们，而政府却要将自己与这些邻居隔离开，因此每个需要被隔离的居民会被送到另一户人家去收容。即使是那些怀疑埃博拉是一种传染病，而并非巫术诅咒的居民，也在秘密地照顾家人。"村民们还排斥对活人和死者"禁止触摸"的规定。当埃博拉患者死后，管理村庄仪式的所谓秘密社团依然对带有传染性病毒的尸体组织传统的埋葬仪式。

一名当地护士试图阻止人们触摸埃博拉患者的身体，无论生前还是死后，并解释了风险。戈根告诉波尔坦说："护士从第一批葬礼开始，就进行了流调，准确地预测了谁会在接触尸体后生病。然而，村民们却攻击了这位护士，指责她'用巫术屠杀他们'。当军队介入并掩埋被感染的尸体后，当地村民又挖出尸体，并重新（举行仪式）再掩埋——同时触摸它们。这位当地护士以极大的勇气，继续努力传播世卫组织的防护信息。然而，当她访问一个有成员刚刚死于埃博拉病毒的家庭时，她'想要封锁房子的做法，被手持砍刀的村里的年轻人阻止了，而被列为隔离对象的家人……被分散到其他家庭中，后者将他们隐藏起来'。这导致了另外43人感染。"

类似场景在几内亚、塞拉利昂和利比里亚各地层出不穷。世卫组织官员、无国界医生和当地政府试图通过更多医疗风险的讲座和军队强制执行等方式来加强防控。理查兹解释说："一开始的假设是，如果村民们获得有关埃博拉风险的正确信息，那么就会采取适当的行动。"结果却适得其反。村民们继续将病毒归咎于巫术或政府的阴谋。一群愤怒的暴徒袭击了无国界医生组织在几内亚的一个隔离单位。在几内亚南部，村民们杀死了国家埃博拉宣传小组的8名成员，并将他们的尸体扔进了一个厕所。到了秋天，该地区平均每月发生10起针对科学埋葬和感染控制小组的袭击。

2014年9月，美国华盛顿的疾病控制中心警告说，疫情非常严重，很快就会蔓延到西方，可能会有120万人死亡，

并且还没有研发出特效药或疫苗的希望。"医学教育似乎对
'人行道广播'（这个说法最早由历史学家史蒂芬·埃利斯提
出，主要指的是在非洲城市环境中传递信息的基层、非正式
通信网络）束手无策，"波尔坦回忆道，"在美国，人们对它
扩散到这里的前景几乎是恐慌的。"

2014 年 10 月，一些在塞拉利昂、几内亚和利比里亚工
作过的美国人类学家在乔治华盛顿大学召开了一次紧急会
议，大家都很激动。波尔坦回忆说："我们坐在这个房间里，
为我们认识的西非人感到悲恸欲绝。"她刚刚得知她的两个
朋友死了，因此几乎无法集中注意力，"因为我一直在查看手
机上的新闻"，看看她援助发放的一卡车大米是否已经到达。
她还感到沮丧和内疚。房间里的人类学家们花了多年时间，
耐心地试图理解西非的文化，希望在全球化的世界里传播一
点同理心。而偏见主义和种族主义正在爆发。

当时在乔治华盛顿大学房间里的人类学家之一玛丽·莫
兰说："有一位美国记者打电话给我，问我为什么非洲人一直
以这种野蛮和愚蠢的方式行事。"她认为，这些标签是不公
平的。因为直到 20 世纪初，美国人通常也会将死去的家人
或朋友的尸体放在他们的房子里几天，将尸体摆成"栩栩如

生"的样子与活人拍照。发生在纳尔逊上将或乔治六世国王身上的事情并不是特例。然而，西方记者、医生和援助工作者现在却遣责西非的"原始"仪式，并（错误地）声称埃博拉是由奇怪的"土著人"吃"丛林肉"造成的。

人类学家们认为这不仅是不公平的，而且是残酷的。西非人在几乎没有现代基础设施的地方面对可怕的疫情，他们希望以自认为合适的方式来悼念他们失去的亲人。当地的信仰是，当某人死亡时，他们活着的朋友和家人需要参加葬礼，面对尸体，表达敬意；因为如果不这样做，死者将被送入永久的地狱，死者周围的人也将遭受痛苦。这种仪式在内战期间经常被打断，造成当地人可能会被诅咒的风险。没有人希望这种循环继续下去。戈根向波尔坦解释道："埃博拉病毒的致死并不像埃博拉病人被（所谓的科学地）埋葬那么糟糕。埃博拉病毒只杀死了肉体，但对埃博拉病人的（所谓的科学地）埋葬会杀死灵魂。"

西方轻蔑的批评者还忽略了另一个关键点：遵循世卫组织的建议也存在现实中的障碍，因为用于防范的卫生基础设施非常少。当学术界的人类学家们在华盛顿开会时，另一位名叫保罗·法默（Paul Farmer）的医学人类学家来到了西非。25 年前，他与人合作创办了一个名为"健康伙伴"的非营利组织，向拉丁美洲、海地以及（后来）中非和西非等新兴市场地区提供药品。尽管法默是一名训练有素的医生，他相信医学的力量，也相信需要有形的"东西、人员、空间和系统"来抗击疾病，但他认为在提供医疗服务时，需要尊重当地的文化和对社会环境的认识。他对在塞拉利昂、几内亚和利比里亚看到的情况感到震惊。埃博拉患者在路上、在出租车里、在医院和家里，倒在呕吐物、汗水和腹泻造成的水池中。大量的医生在死亡，本已薄弱的医疗基础设施正在崩溃。虽然无国界医生和世卫组织等医疗团体正在努力控制这种疾病，但他们并没有真正试图提供治疗性护理。"所谓的'埃博拉治疗中心（ETU）'里的'治疗'（T）太少了。"他生气地说。鉴于此，埃博拉患者不断逃跑或无视命令也就不足为奇了，而外人嘲笑他们这样做是错误的。在经历了长期内战和殖民压迫后，普通人不再相信政府或训斥西方的"专家"。缺乏同理心其实是在杀害人们，并助长了疾病的蔓延。

　　人类学家能做些什么来应对这种情况？在华盛顿的会议室里，人们意见不一。一些学术界的人类学家不太愿意为任何性质的政府工作。其他人则认为，只有西非人才有资格代表本地区发声，而不是欧洲人或美国人。许多学者在与政策制定者接触方面没有什么经验，他们更喜欢观察，而不是鼓动什么。埃里克森说："经济学家们可以毫不犹豫地站出来说：
'我们接下来该这么做！'他们可以通过社交网络影响到当
权者，也有信心预测未来——如果被证明是错误的，也没有
关系，他们头也不回地继续下去！但人类学家不是这样的。"
人类学家们知道他们有道德义务去做一些事情。或者正如波
尔坦所观察到的："我们坐在那里在房间里，问道：'如果我
们不发声，我们这些年所做的事情还有什么意义吗？'"

在随后的几周里，法默和他在"健康伙伴"组织的同事
们愤怒地要求改变政策，将重点放在病人护理上，强调同理
心，而不仅仅是控制疾病。学界的人类学家们还做了一件他
们以前几乎从未做过的事情：试探性地组织起来，提出关于
当地文化背景的建议。在美国，美国人类学协会（AAA）为
华盛顿政府编写了关于当地文化的备忘录，法国人类学家在
巴黎也做了同样的工作。一个联合国抗击埃博拉病毒的团队
雇用了一位名叫朱丽叶·贝德福德（Juliet Bedford）的医学
人类学家。她回忆说："那是一个转折点，联合国真切感受到，
他们必须改变（医疗救助的）标准操作程序，但不知道如何
改变。"在伦敦，一群人类学家，包括理查兹（Richards）、
梅丽莎·利奇（Melissa Leach）和詹姆斯·费尔海德（James
Fairhead），创建了一个专门的网站，叫作"埃博拉响应人类

学平台"。一份备忘录严正声明："抗疫的目标是对抗病毒，而不是当地的习俗。"由医生转变为官员的惠蒂，在华丽的白厅建筑中与他们召开会议，听取他们的建议。然后，莫库瓦自愿前往塞拉利昂东部的森林地区，那里的疫情正在肆虐。几个星期以来，她走在艰辛的越野路上，访问她在早期实地调查中熟悉的社区，并向惠蒂和其他人发送报告，希望提供一个当地的、最基层的视角，以平衡科学家自上而下的观点。她回忆说，"我走来走去，努力倾听"。①

　　这些报告对英国官僚来说是一个启示。在这之前，西方医学专家和惠蒂一直认为遏制埃博拉病毒的最佳策略是将病人放在大型的专门隔离中心。但莫库瓦解释说，这种方法不起作用，因为埃博拉治疗中心离村民很远，而病患走不了几英里。隔离中心用不透明的墙壁也是一个可怕的错误；如果没有人知道建筑物内发生了什么，病人就更有可能逃跑。派遣年轻的外来人员到村子里提供医疗建议同样是灾难性的，因为村民们通常只接受村里长者的建议。因此，其他人类学

---

① 莫库瓦和其他人类学家一样，希望有更多的当地声音向西方政府建言；或者由一群西非人类学家发出声音。但 21 世纪西方人类学的一个失败之处在于，非西方的学者相对较少。莫库瓦和理查兹多年来一直试图在西非当地的大学里建立这门学科，但这是一项艰巨的工作，因为这些部门的资金非常不足（就像该地区的许多其他的基础设施一样）。

家提出了一些政策建议。为什么不改变隔离中心的风格，使其透明化？在当地社区设置大量的小型治疗中心？利用村里的长者来传递有关埃博拉风险的信息？设计在医疗和社会方面都安全的葬礼仪式？考虑到许多人都会坚持在家里照顾生病的亲戚，给他们提出什么样建议使这种土疗程更安全？这在某种意义上呼应了贝尔，当看到司机们无视英特尔工程师的想法一直在汽车上使用自己的设备时，对工程师们说的话是：为什么要反着当地文化，而不与当地的文化合作呢？

这些信息慢慢产生了影响。在无国界医生组织内部，一些医生开始更加强调治疗性护理，而不仅仅是遏制病毒。[①]国际组织改变了隔离中心的设计，将墙变得透明。在白厅，惠蒂改变了英国政府的埃博拉治疗中心政策，并宣布英国将在靠近居民的地方出资建设数十个小的分诊和治疗中心。医疗队开始与当地社区讨论如何调整他们的葬礼仪式，使其既安全又能尊重死者。几内亚森林中的一个村庄发生了一起丑恶的事件，为如何做到这一点提供了一个模板。当一位怀孕的母亲死亡时，当地的世卫组织官员最初试图将尸体迅速埋

___

① 关于无国界医生和世卫组织在西非政策的内斗，过去（及现在）有很大的争议，我无法在此详细阐述。不过，详情可见法默的巨著《热病、仇杀和钻石：埃博拉和历史的蹂躏》中的内容。

在远离村庄的地方。但当地村民要求举行葬礼仪式，并取出胎儿以避免受到诅咒，于是，一场惊心动魄的战斗爆发了。然而，当地人类学家朱利安·阿诺科（Julienne Anoko）介入并与村里合作，调整现有的消除潜在诅咒的仪式，并说服世卫组织为该仪式付费。她后来说："尸体被安全地埋葬了，在当地官员和世卫组织团队在场的情况下举行了哀悼仪式，村民们感到非常放心，以至于用传统的和平之歌感谢了所有参与的人。"

当地社区也开始制订自己的解决方案，在家里照顾病人，而不是去令人讨厌的埃博拉治疗中心——西方医生虽不情愿，但也开始接受该情况并提供帮助。在利比里亚，村民们穿上雨衣，从后往前穿，套在垃圾袋上，作为一种初级的个人防护装备。村民们制定了自治的协议，利用幸存者进行流调及治疗病人。然后，管理"博罗"和"桑德"的葬礼管理秘密社团（西非某些部落的女子宗教社团）的老人和妇女也参与进来。理查德后来回忆说："我们 2015 年在恩加拉大学举行了一次研讨会，一位最高酋长和一些长老来了，他们向我们要了一些白色的防毒服。当我们问为什么时，他们说他们想创造一个跳舞的'魔鬼'，让村里的女孩们了解埃博拉的危害。"这与世卫组织和政府使用的信息传递策略完全不同，但它的效果要好得多。

到 2015 年春天，埃博拉患者不再从隔离中心逃跑，社区也不再挖出尸体重新埋葬或攻击医务人员。传染的速度减慢了。到了夏天，世卫组织宣布埃博拉疫情已经结束。最后的死亡人数估计在 1.1 万至 2.4 万。[①] 惨不忍睹，不过这只是疾控中心在 2014 年夏天预测的最坏情况的 2%。美国总统奥巴马指定的主管白宫埃博拉应对工作的拉吉夫·沙阿后来告诉我："最终，这是一个好消息。我们学到的是，当你与社区合作并将它们纳入解决方案时，你可以使政策更加有效。"

对此，人类学家们可能会回答："当然。"

5 年后，理查兹和莫库瓦——以及其他抗击埃博拉病毒的老手——发现自己被意外的似曾相识所困扰。只不过这一次的疾病是新冠病毒，而不是埃博拉。然而，问题又一次从一个对西方人来说并不熟悉的地方发起，因此很容易被妖魔化。2020 年 4 月，法默尖锐地写道："在疫情中指责邻居是一直流行的，嘲笑他们的食物也一样。"然而，新冠病毒并没有停留在异域。贝德福德注意到："埃博拉病毒发生在非洲的

---

① 鉴于薄弱的卫生保健基础设施，数字显然是不确定的。世卫组织在 2016 年夏天将最终的死亡人数定为 11 000 人，法默等观察者认为这是一个被严重低估的数字。

黑暗心脏深层角落。全球北方的大部分普通民众认为它'只在那里'，离他们很远。但后来他们发现，新冠病毒也会发生在他们普通民众从未想到会面临威胁的地区。"

西方政府能否从过去的经验中吸取教训，制定出更好的应对措施？人类学家们最初满怀希望。2020 年，英国官僚惠蒂已经从部长晋升为整个英国政府的首席医疗官，成为一个更有影响力的角色。因此他为英国抗击新冠病毒提供建议。他似乎完全可以从埃博拉事件中吸取正确的教训，即融合医学和社会科学的需要；他在 2014 年与社会科学家共同撰写文章，正是倡导了这一点。世卫组织等团体也在利用抗击埃博拉的经验来改进他们对抗其他传染病的策略，如 2016 年暴发的寨卡病毒。计算机科学家们也变得更加聪明，将社会科学和数据科学结合起来。约翰·布朗斯坦（John Brownstein）在波士顿创建的疾病追踪平台"健康地图"中，医生和科学家们越发意识到需要在社会背景下考虑数据。布朗斯坦告诉我："大数据不是一切。我们知道，只有当你了解社会背景时，它才是有用的。对于新冠病毒，我们需要一个混合体：机器学习和人类策划。"或者像比尔和梅琳达·盖茨基金会的联合主席梅琳达·盖茨告诉我的那样："我们已经被迫重新思考我们使用数据的一些方式。一开始，人们对大数据感到非常兴奋；我们仍然坚信，获得更好的统计数据是非常重要的，技术可以做出惊人的事情。但是我们不能太天真，因为了解社会背景也很重要。"

因此，人类学家以一种乐观的态度，提出了如何利用文化意识来对抗新冠病毒的想法。他们建议政策制定者认识到亲属关系模式会影响到传染率（例如，意大利北部的三代同堂家庭就会带来更大风险）。他们警告说，对"文化污染"的态度可能会扭曲人们对风险的认识，使他们惧怕外来者而忽视内部的威胁。时任美国总统特朗普就证明了这一点：他关闭了美国边境，而淡化了来自"内部人"的风险，以至于新冠病毒在白宫暴发。

人类学家还警示说，围绕新冠病毒的信息传递需要清晰、富有同情心，并适应社区的需求。仅仅是自上而下的命令是不够的。理查兹在 2020 年春天在乐施会网站上的一份备忘录中写道："埃博拉在塞拉利昂的主要方言之一——门德语中的名称是'bonda wore'，字面意思是'家庭反转'。换言之，人们清楚地认识到，这是一种需要家庭对自己的行为做出重大变化的疾病，特别是在如何照顾病人方面。新冠病毒将需要在家庭层面进行类似的改变，特别是在保护老年人方面。疫情应对者的热词包括自我隔离和保持社交距离，但如何实施这些模糊的概念的细节却留给了普通人去想象。难道应该把爷爷扔到棚子里吗？"

人类学家还强调，来自西非和亚洲的实例都证明了融合社会背景和医学科学（进行抗疫）的必要性。口罩的故事尤其引人注目。在 21 世纪初"非典"疫情席卷亚洲后，一些人类学家和社会学家，如彼得·拜尔、吉迪恩·拉斯科和克里斯托斯·林特里斯，研究了该地区"口罩文化"的兴起。他们得出结论，口罩有助于对抗传染病，但不仅是因为物理原因（口罩阻止了病毒的吸入或呼出），还因为戴上口罩的仪式是一种强大的心理提示，提醒人们需要改变自己的行为。口罩也是一种象征，表明人们遵守公民规范和社区支持。"戴上口罩"的仪式也改变了其他行为。

一些政府官员听从了建议。例如，在纽约，当地官员迅速开展了一场劝说居民戴口罩的运动。起初，这似乎不太可能奏效，因为在纽约，口罩的"名声不好"，且戴口罩似乎冒犯了纽约人的个人主义文化。但是，曼哈顿周围的广告牌上的信息试图改变围绕口罩的"意义之网"，正如格尔茨所说的那样，将它们重新定义为力量的标志，而不是耻辱。其中一条写道："没有口罩？去一边吧！"另一个宣称："我们纽约人充满力量。"在感恩节，有一条写道："不要当火鸡，戴上口罩！"这好像就是将理查兹和莫库瓦在塞拉利昂看到的"桑德"秘密协会舞蹈"纽约化"。最终它成功了。纽约人很快就以近乎信奉宗教一般的热情戴上了口罩。别的不说，这至少证明了理查兹经常强调的一点：虽然文化信仰体系非常重要，但它们并非一成不变。

在波士顿，马萨诸塞州的共和党州长查理·贝克（Charlie Baker）也很有创意。他雇用了法默和他的"健康伙伴"团队，将他们从西非和其他地方学到的方法引入抗疫斗争中。法默解释说："这是反向创新。"他告诉贝克，遏制病毒的最好方法是提供关怀和展现同理心，与社区合作，而不是仅仅依靠自上而下的命令或数字应用程序。"没有一个（接触追踪）应用程序可以为（新冠病毒患者）提供精神支持或解决他们复杂又独特的需求，"在哈佛接受培训的"健康伙伴"医生伊丽莎白·沃罗（Elizabeth Wroe）解释道，"你必须与当事人同在，解决他们的任何需求。"

然而，在其他许多地方，官员们忽视了埃博拉病毒和社会科学带来的教训。在华盛顿，美国国家科学基金会的科学家丹尼尔·戈罗夫创建了一个专门的网站，帮助"各级政府的决策者"利用社会科学和医学科学制定有效的抗疫政策。但是，特朗普政府对行为科学和反向创新毫无兴趣。在英国，紧急情况科学咨询小组（SAGE）邀请了一位行为科学家大卫·哈尔彭加入他们的小组，他传阅了一些笔记，（合理地）建议英国政府应该从德国和韩国等国家引进口罩方面的经验。但紧急情况科学咨询小组由政客和来自医学领域的科学家主导，其公布的政策往往与人类学家（或行为科学家）的建议相反。首先，英国首相约翰逊宣布人们不应该戴口罩。接着，他支持戴口罩，自己却不戴。抗疫政策是以自上而下的方式强加的（尽管英国有很棒的社区卫生中心），政府将资金投入昂贵的数字流调技术中（它们几乎没用）。英国前公务员主管格斯·奥唐纳在 11 月感叹道："政府抗疫一直没能融入行为科学和其他人文科学的专业知识。当政府说它'遵循科学'时，这实际上意味着它遵循的只是医学科学，是片面的，导致了一些有问题的政策决定。"

为什么？政治往往是一种解释。[1] 在美国，通过反移民、美国优先的立场上台，将西非等地的贫困国家嘲笑为"下三烂国家"。在伦敦，约翰逊严重依赖多米尼克·卡明斯的建议，而后者经常被实证科学弄得晕头转向。这里还有一种傲慢；英国和美国政府假定他们的医疗系统是如此的举世无双，以

---

[1]　我意识到我忽略了其他西方国家，如欧洲大陆的国家，它们对疫情的应对各不相同，但由于篇幅原因，我只关注盎格鲁－撒克逊世界。

至于没有必要接受反向革新。然而，人类学家理查兹怀疑还有另一个问题："陌生"这个欺骗性的标签。2014年，当惠蒂召集人类学家在白厅开会时，他这样做是因为英国政府官员认为他们在与陌生的"他者"打交道。到2020年，他们认为他们是在一个"熟悉的"环境中应对疫情。因此，他们觉得没有必要向别人学习，也没有必要拿镜子照照自己，尽管就在两年前，英国政府成立的由哈尔彭领导的行为—道德洞察小组曾强调，必须思考"当选和未当选的政府官员，在试图处理其他人的偏见和问题解决思路时，自己是否也受同样的问题影响"。

这就产生了悲剧性的错误。如果西方政府在新冠肺炎疫情危机开始时能照照镜子，它们可能就会看到自己抗疫系统的弱点。如果它们看看西非或亚洲的经验，它们也会（重新）学到另一个重要的教训：当医生与社区合作，带着同理心，战胜传染病就容易得多。或者如理查兹所说，"政府知道，如果有跨文化的困难，你需要人类学家的帮助，比如在阿富汗。但他们不认为自己在曼彻斯特城内或南约克郡需要人类学家"。

"他们需要。"

第二部分
把"熟悉"变陌生 ————————————

    人类的天性驱使我们认为自己的生活方式是"正常的",其他的都是奇怪的。但这是错误的。人类学家认为,生活方式多种多样,每个人在别人眼里都是奇怪的。我们可以在实际意义上利用这一点——当我们通过别人的眼睛看世界时,我们可以回头看,也可以更客观地看自己,看到风险和机会。作为一名记者,我曾这样做。许多消费品公司已经使用这一工具的不同版本来了解西方市场。但它也可以用来理解机构和公司内部发生的事情,特别是当你借用人类学的观点和工具时——如符号的力量、空间的使用(习惯)、拖拉现象和社会边界的定义。

第4章

金融危机
为什么金融家会误读风险

"我们熟悉的东西，我们就不再看了。"

——阿奈斯·尼恩（Anaïs Nin，法国作家）

在法国里维埃拉海岸的尼斯市，我坐在一个现代主义市政厅的黑暗会议室的后排，感觉自己很傻。我旁边坐着一排身穿中式衬衫和粉色衬衫的人。他们的脖子上挂着大塑料绳系着的名牌，上面写着"2005年欧洲证券化论坛"。这是一个交易复杂金融工具的银行家的聚会，这些金融工具包括与抵押贷款和公司贷款有关的衍生工具。我作为《金融时报》

的记者，在那里进行报道。

在大厅前部的讲台上，金融家们正在讨论他们业内的创新成果，刷新着印有方程式、图表、希腊字母以及"CDO""CDS""ABS"和"CLO"等缩写的演示文稿。这就像再次置身于奥比·萨菲德！我再次感到一种文化冲击。这比在塔吉克斯坦时要微妙得多，因为文化模式感觉更熟悉，但这种金融语言对我来说是天方夜谭。我不知道"CDO"代表什么，也不知道论坛上在发生什么。

我当时想，一个投资银行会议就像一个塔吉克婚礼。一群人正在使用仪式和符号来创造和加强他们的社会关系和世界观。这在塔吉克斯坦是以一个复杂的婚礼仪式、舞蹈和刺绣垫子的礼物的形式呈现。在法国里维埃拉，则是银行家们交换名片、喝酒、开玩笑，进行共同的高尔夫之旅，并在黑暗的会议室里观看幻灯片。但这两种情况下的这些仪式和符号都反映了一个共同的认知地图、偏见和假设。

因此，当我坐在黑暗的法国会议厅里时，我试图"阅读"支撑会议的象征性地图，就像我曾经试图"阅读"塔吉克婚礼上的象征意义，即格尔茨的架构下的"意义之网"，注意人们没有谈论的内容，以及他们想要讨论的话题。规律渐渐浮现出来了。金融家们认为他们控制着一种语言和知识，而其他人很少有机会接触这种语言和知识，这使他们感到自己是精英。当我要求一位金融家解释什么是"CDO"或"CDS"时，他开玩笑说："在我的银行里，几乎也没有人真正知道我在做什么！"（我学到了，它们分别代表"抵押债务"和"信用违约互换"。）金融家们拥有这种共同的语言，这就形成了一个共同的身份。他们被知识的纽带和通过工作形成的圈子联系在一起，尽管他们在纽约、伦敦、巴黎、苏黎世和中国香港等不同的地方工作。他们通过一个连接到彭博交易终端的专用信息系统进行交流。我对自己开玩笑说，这就像一个"彭博村"。为了证明他们活动的意义，金融家们还有一个独特的"创造神话"（另一个常见的人类学术语）。局外人有时声称，金融家只是为了赚钱而从事他们的工作。然而，银行家们并没有以这种自我方式展示他们的活动。相反，他们引进了"效率""流动性"和"创新"等概念。证券化设计背后的创造故事——这也是会议的主题——这个过程使市场更具"流通"，即债务和风险可以像水一样容易交易和流通，使借钱更便宜。他们坚持认为这对金融家和非金融家都有好处。

　　另一个凸显事实的细节是，金融家们的演示文稿缺乏一个特点：脸或其他真人的图像。从某种意义上说，这似乎很奇怪，因为创世神话宣称"创新"使普通人受益。但当金融家们谈论他们的技艺时，他们很少提到活生生的人。希腊字母、缩略语、算法和图表充斥着他们的演示文稿。这些钱是谁借来的？人在哪里？这与现实生活有什么联系？

起初，这些问题让我感到好奇，而不是警觉。人类学思维方式的一个特征——像新闻学一样——是强迫性好奇，我觉得自己好像刚刚跌入了一个全新的呼唤着我去探索的领域。我告诉自己，如果自己开始为这片陌生的领域写下旅行指南，对《金融时报》的读者来说可能是有价值的，假想自己可能会像同事报道硅谷那样报道金融。毕竟，这两个行业都有一个创造神话，即宣扬关于创新及其带给人类所谓的好处。

后来人们发现，借用美联储前主席艾伦·格林斯潘（Alan Greenspan）后来的说法，这个创造神话也包含了一个可怕的"缺陷"；我在里维埃拉观察到的文化正在创造风险，后来引发了2008年的金融危机的风险。正因为金融家是一个紧密相连，几乎没有外部监督的知识分子部落，所以他们无法看到他们的创造是否失去控制。而且，由于他们对创新的好处有如此强烈的"创造神话"的执念，导致他们对风险视而不见。一位名叫丹尼尔·贝恩扎的人类学家后来把这个问题称为"基于模型的道德脱离"；另一位名叫凯伦·何的人把它归咎于"流动性崇拜"；还有一位名叫文森特·莱比奈的人强调了对复杂数学的"掌握"。不管用什么比喻，问题是金融家们既看不到他们所做事情的外部环境（廉价贷款对借款人的影响），也看不到他们世界的内部环境（他们的小圈子性质和特殊激励计划如何助长风险）。

这就是为什么人类学视野很重要。人类学的一个好处是，它可以让人们对陌生的"他者"产生共鸣。另一个好处是，它可以为熟悉的我们提供一面照照自己的镜子。在是"熟悉"和"陌生"之间划清界限从来都不容易。文化差异存在于一个不断变化的谱系上，而不是僵硬的静态框架。但关键的一点是：无论你在哪里，无论你处于何种熟悉和陌生的混合体中，停下来问自己一个里维埃拉的银行家们并没有问的简单问题总是有好处的：如果我作为一个完全的陌生人，或者作为一个火星人或孩童，来到这一文化中，我可能会看到什么？

我的金融危机之旅间接地始于 1993 年，即躲在塔吉克斯坦的酒店房间里听着内战枪声的 6 个月之后。在我完成田野调查后不久，我在《金融时报》实习，被聘为驻国外自由撰稿人，接着（在完成了我的博士学位后）被提供了一个研究培训生的职位。我很感激地抓住了这个机会，因为我对新闻业很着迷。

当我到达伦敦的《金融时报》总部时，我的导师安排我在"经济部"（或团队）接受培训。这本应是一种荣誉，但我感到很沮丧。当初我决定进入新闻界，是因为我对文化和政治很着迷。经济和金融对我来说是一个谜，而那些专业术语是如此难以理解，以至于我很容易觉得无聊。当我坐在经济部房间里，粗略地阅读《自学金融》等书籍时，我在想，这不是我当记者的初衷！但是，我逐渐意识到，恐惧和偏见促成了我的大部分反应。在大学里，人类学专业的学生经常与想成为金融家的学生聚集在不同的社会"部落"里，而金融专业学生使用的语言也让我感到困惑。越过这种文化差距需要类似于人类学的技能。正如我后来对英国记者劳拉·巴顿在 2008 年金融危机爆发后对我的采访中表示的："我后来想，其实这就像在塔吉克斯坦一样。我所要做的就是学习一种新的语言。这是一群用一大堆仪式和文化模式来粉饰这项活动的人，如果我能学会塔吉克语，那我完全可以学会外汇市场的运作原理！"

这种心理转变带来了红利。我越是关注金钱在世界范围内的流动，我就越是着迷。我向巴顿解释说："来自艺术、人文和社会研究背景的人，往往认为金钱和（伦敦）金融城很无聊，甚至有些肮脏。如果你不看清钱是如何在世界范围内流通的，你实际上根本就不了解这个世界。"当然，另一个问题是，许多在金钱世界工作的人认为，金钱是使世界"运转"的唯一东西。这也是错误的。我告诉巴顿："银行家们喜欢想象，金钱和利润动机就像万有引力一样普遍，他们认为这基本上是一个既定的事实，与任何个人无关。但事实并非如此。他们在金融领域所做的一切都是关于文化和互动的。"然而，我想——或者说希望——如果我能够找到一种方法将这两种观点联系起来，同时研究金钱和文化，这可能会有新发现。因此，在随后的几年里，当我在《金融时报》进一步发展时——首先是在欧洲《金融时报》经济团队，然后在日本担任了 5 年记者和分社社长——我不断问自己同一个问题，一遍又一遍。金钱是如何让世界运转的？世界上不同的人是如何看待这个过程的？换句话说，围绕金融的"意义之网"是什么？

2004 年底，我来到了另一个职位，位于伦敦的《金融时报》总部，这个部门有一个奇怪的名字，叫"Lex 团队"①。该

---

① Lex 专栏始于 1945 年，但这个名字的由来并不清楚。在《金融时报》的传说中，它有时被归结为拉丁语中的 *"lex mercatoria"*，意思是商人法；它也可能是围绕 *de minimus non curat lex* 或"法律不屑于琐事"的双关语开始的，因为 20 世纪 40 年代的一家竞争对手的报纸有一个以抢购"琐事"的人物命名的专栏。

部门要求记者提供关于公司财务的精辟评论文章。我在那里工作可以说是个偶然（在日本工作后，我曾希望去伊朗做常驻记者，但在怀孕后改变了计划）。但我的正式头衔是 Lex 的"代理主管"，这意味着我需要对《金融时报》如何评论企业金融进行战略监督。我有时自嘲，这就像担任梵蒂冈教会通信的代理主编一样。

2004 年秋天的一天，我收到了来自主编的要求：能否写一份备忘录，概述 Lex 正在报道的主题以及这类报道可以或应该如何改变？我开始按照媒体集团使用的格式，以正常的方式对要求做出回应。我检查了过去的专栏，阅读了竞争对手写的东西，看了我们的新闻报道，然后试图评估我们的报道结构平衡是否合理。这一分析表明，我们在 Lex 专栏中对亚洲和科技领域的关注不够。我写了一份备忘录，概述了这些发现。

然后我又想了想。如果我以人类学家的身份写这篇备忘录，会是什么样子？如果我以"在局内的局外人"的身份进入伦敦金融城或《金融时报》新闻部，我会看到什么？我无法通过复制马林诺夫斯基等人在特罗布里安群岛搭帐篷做人类学研究时的做法来回答这个问题。我也不能用我在奥比·萨菲德所使用的方法：在一个村庄里走来走去，观察其他人的生活。在塔吉克斯坦，我享有极大的自由，可以问问题和观察别人。当我手里拿着相机，带着一群孩子绕着山谷做"功课"时，村民们对我能拍照片并分发的做法感到非常兴奋，他们让我看到他们生活的角角落落（甚至是一个未婚女子通常不会看到的地方）。然而，在伦敦金融城，银行不允许记者在无人陪伴的情况下在其办公室周围晃悠；记者通常不被允许在没有公关人员监视（记者们常戏称他们为"看护者"）的情况下进入大楼。证券交易所等机构或英格兰银行等公共机构或其美国的对应机构也不例外。因此，很难看到金融家们在他们的自然栖息地的状态。换句话说，我面临了早期人类学家没有面对过的等级制度问题。当马林诺夫斯基等人去特罗布里安群岛的时候，他们来自一个比他们所研究的对象更强大的社会。在伦敦金融城，金融家则比记者或人类学家更有权力；我们面对的挑战是如何"向上研究"①。人类学家何凯伦通过美国信孚银行后勤办公室的工作状态研究 20 世纪末和 21 世纪初的华尔街，她说："在洛克菲勒家族

---

① 　如何"向上研究"的问题最早由人类学家劳拉·纳德在 20 世纪 70 年代详细说明过，并引发了无尽的反思。一些人类学家的回应是在他们试图研究的机构中找工作。莱比奈和何凯伦都在银行工作。但这引起了伦理问题，即研究人员是否应该表明自己的身份。另一个选择是戴纳·拉贾克（Dinah Rajak）所遵循的，即在一个"企业社会责任"团队中工作，该团队部分在局外，负责监督公司。

的院子里，在摩根大通的大厅里，或者在纽约证券交易所的地板上'搭帐篷'的想法，不仅不靠谱，而且还可能限制了对'精英力量'的研究。"

因此，我开始即兴发挥了。每当我为写 Lex 专栏而采访金融家时，我都会加上一些非结构化的、开放式的问题；我试着去听他们说什么，以及他们没有说什么。有几次，我借用了在塔吉克村使用过的策略。我给了某些人一张白纸和铅笔，让他们勾勒出他们世界的不同部分是如何组合在一起的。在奥比·萨菲德村，我曾用这种方法来了解亲属关系，以及这些家庭关系如何影响山谷中房屋的位置。在金融城的餐厅里，我要求金融家在我的笔记本上画出金融市场的不同板块是如何组合在一起的，以及它们的相对规模。

业内人士出乎意料地难以画出这幅塑造金融城所有资金流动的"地图"。他们可以看到这幅图的部分图像。比如说，有关于股票上市的数据就非常完善。但没有一个在私营银行或政府机构工作的人能够提供一个简单易行的傻瓜地图，用来说明所有这些流动是如何相互作用的。这似乎很奇怪，因为金融家们似乎非常热衷于测量事物。或者也许不是：正如马林诺夫斯基在《西太平洋的阿戈纳人》中首次指出的那样，内部人士总是很难看到他们的世界的总体"地图"。

　　我还注意到，就算能描绘出资金流动和活动的相对规模，也不一定能反映关于它们的话语重量。更具体地说，《金融时报》等媒体广泛报道着股票市场，但对公司债券的报道较少，而且几乎没有关于衍生工具的报道——尽管银行家们一直告诉我，公司信贷和衍生工具的世界很大，有利可图，而且规模在不断扩大。但口头上的热度和实际行动出现了分歧。从人类学家的角度来看，这并不令人惊讶：在每个社会中，人们都会"说一套做一套"。在塔吉克斯坦，村民们花了很多时间谈论婚礼，却没有谈论他们生活中的其他部分，这些部分占用了同样多的时间，比如他们在国有农场的工作。虽然这种比重差距并不令人惊讶，但对我这个记者来说却有实际的意义。我告诉同事们："金融系统就像一座漂浮在水中的冰山！"一小部分（股票市场）是可见的，在这个意义上，它受到了媒体的疯狂报道。更大的部分（衍生品和信贷）基本上被淹没了。我希望，这创造了一个独家新闻的机会。

　　在向《金融时报》主编发送了我关于 Lex 专栏未来发展的正式备忘录之后，我写了第二份备忘录，题为"金融冰山"。我认为，报社应该更多地报道金融世界冰山的"水下"部分，如信贷和衍生工具。由于对股票市场的报道是如此广泛，以至于几乎被商品化，我认为写一个没有人报道的话题更有意义。起初，什么都没有发生。然后，在一次人员调整中，我被从 Lex 调走，并获得了管理资本市场报道团队的工作。主编对我说："你可以在那里写关于'冰山'的文章！"但我并不感到兴奋。Lex 团队在《金融时报》的生态系统中拥有很高的地位。经济学团队也是如此：它位于主编附近的一间豪华办公室里，可以眺望泰晤士河和圣保罗大教堂的美妙景色。相比之下，资本市场团队似乎死气沉沉，地位低下。它生产的故事往往被埋在报纸靠后的版面，团队位于大楼的另一端，离主编很远，在垃圾箱上面。

我现在是在职场妈妈的轨道上吗？我想知道。我第二次怀孕了，我担心自己的事业会停滞不前。Lex 团队的一位女性朋友试图让我振作起来。她说："资本市场是一个带着孩子工作的好地方，因为没有什么真正的事情发生！""你可以每天五点就回家！"这让我感觉更糟。

2005 年 3 月，我开始了新工作，头衔是"资本市场团队的负责人"。我急于探索这个陌生的金融新领域。但我面临一个实际问题：我唯一能看到银行家"在他们的自然栖息地"（我跟朋友们的玩笑）的地方是金融会议。这是一个他们与记者在同一空间漫游的场所，没有公关人员。因此，我参加了我能找到的每一个会议，从尼斯的欧洲证券化论坛开始，辅以更正式的但受控的访问银行家的办公室，试图为金融创新的世界制作一份旅行指南。

这很困难。该领域被许多专业术语所笼罩，外人很难理解正在发生的事情。债务"证券化"的想法，用金融术语来形容金融家们正在做的事情，并不新鲜。20 年来，银行家们一直在将债务碎片分割，并以此发行新的证券（如债券），部分原因是他们在应对一套名为"巴塞尔一号"（以瑞士城镇命名）的严厉银行法规。但到了 2005 年，这种做法出现了多种新的版本，因为银行家们试图利用（用银行家的话说是"套利"）这些规则的更新版本，即《巴塞尔协议 II》，不仅使用企业贷款，而且还使用高风险的"次级"抵押贷款债务。由于没有现成的关于这些新的次级市场规模的数据，也没有关于解释这些术语含义的手册或傻瓜指南。当我要求银行家解释什么是"CDO"（"抵押债务"）时，他（偶尔"她"）会解释说，它指的是可以出售给投资者的一套不同的债务，并附有不同程度的风险。当我问"CDS"（"信用违约互换"）是什么意思，我会被告知这是一种工具，让投资者对某项债务发生违约的风险下注。

我一直在想：但我怎样才能把这些想法传达给《金融时

报》的读者呢？最终我认为最简单的策略是使用比喻："抵押债务"（CDO）可以被比喻为"香肠"，因为它需要将大块的金融"肉"（债务）切开，重新组装在新的肠衣里，并根据不同的口味（用企业或抵押贷款和不同级别的风险）进行调味，在全世界销售。有时，投资者会将这些"香肠"切片或切块，然后将这些新的块（片）又重新组合成一个新的工具，称为"抵押债务平方"。我开玩笑说，这就像炖香肠。同样，"信用违约互换"（CDS）可以用赛马来比喻：人们所交易的不是马，而是为了看马是否会赢而下的赌注；或者，更准确地说，是针对马匹可能倒下或死亡的风险而进行的保险投注。为了强化这一点，我要求《金融时报》的制图团队制作马和香肠的图表和图片，放在我们的报道旁边。我还尽力试图把人脸照片也放在版面上，以使这个主题看起来不那么抽象。但是，我们很难找到人的照片：参与债务、衍生工具或证券化世界的金融家很少愿意被引述或拍照，而且几乎不可能看到这些复杂金融链末端的真正的借款人。

随着时间推移，这一奇怪景观的轮廓开始成形，我与金融家们的接触也有所改善，因为他们越来越乐于与我交谈。我想知道，为什么他们愿意交谈？我最终意识到，我偶然发现了一个与奥比·萨菲德相似的模式。在塔吉克斯坦的时候，村民们看到我常常显得很高兴，因为他们知道我是谁——研究婚姻仪式的陌生学生。他们还知道我在和其他家庭交谈，并渴望知道其他人在说什么，因为我比他们有更多提问的社会自由。我在伦敦金融城的感觉与之奇怪地雷同。在市场上工作的金融家们本应与数字技术无缝连接。他们的银行也应该有统一的内部运作。但实际上，同一家银行的不同部门之间的信息流动往往很差，因为银行家们的工资是根据他们团队的业绩来支付的，因此他们对自己的团队有极大的忠诚度。不同银行的不同部门无法看到整个抵押债务或信用违约互换市场是如何发展的，因为他们的视野往往局限于自己眼皮底下的东西。这个世界对内部人来说是离奇的不透明的（对外部人来说更加不透明）。我对我的同事们开玩笑说："我就像花田里的一只蜜蜂。"我正在收集信息"花粉"，并在银行之间四处传播——就像我曾经在奥比·萨菲德村的房屋之间行走时一样。

更让人吃惊的是，那些理论上在监督这些行为的机构——中央银行和监管机构——也有时不了解情况。《金融时报》位于英格兰银行附近，该银行的组织结构与我工作的部门类似：一个地位较高（且知名度高）的部门负责监测宏观经济统计数据；另一个知名度较低（且地位较低）的部门负责监测资本市场和金融系统的系统性风险。负责第二小组的保罗·塔克（Paul Tucker）也在努力为英国监管者和决策者们制作一份关于金融冰山"水下部分"的"旅行指南"。我们经常交流，互换信息。但塔克也缺乏具体数据，并面临着类似的沟通挑战：他的同事和那些政客们往往认为衍生工具的技术问题远不如货币政策那样令人兴奋。那些专业术语进一步起了负面作用。塔克试图发明新词汇，使复杂的金融听起来更令人兴奋。"俄罗斯套娃金融"是其中之一，"车辆金融"是另一个。但它们并没有流行起来。

起初，这个情况只是让我感觉有些懊恼。但随着时间的推移，我开始感到惊慌。从外人的视角，这个故事是如此的复杂，以至于除了内部人士，很少有人能明白发生了什么。金融家们坚持认为没有必要担心。毕竟，这些工具理应减少金融系统的整体风险，而不是增加风险；这就是流动性起源故事背后的理论，即创新将使风险像水一样在市场上顺利流动，以便它们被准确地定价和分配。早在 20 世纪 70 年代和 80 年代，银行就曾陷入困境，因为在它们的账面上风险被集中了起来（比方说，它们向同一城市的许多抵押贷款人提供贷款）。但是，证券化将信贷风险分散开，如果发生损失，许多投资者都只会受到微小的打击，但没有一个投资者会受到足够痛苦的打击，以至于遭受严重损失。或者说理论上是这样的。其驱动原则就是"问题共享就是问题解决"的原理。

但我担心，如果这种逻辑是错误的呢？我无法判断这种逻辑是对是错，因为它是如此不透明。所以有一些我无法解释的奇怪现象及矛盾，引起我的警觉。其中之一是，在 2005 年，尽管英国中央银行不断提高利率，但市场上的借贷成本却不断下降。另一个事实是，虽然创新应该使市场变得"流动"，使资产可以轻易地被交易，但抵押债务几乎没有交易，因为它们实在是很复杂。事实上，由于缺乏真正的交易、很难获得这些金融工具的市场价格，会计师们会使用测评模型中推断出来的价格来记录抵押债务的价值，而该系统本应基于市场价计算。这是一个深刻的矛盾。另一个奇怪的现象是，证券化意味着银行应该把它们的债务卖给其他投资者，从而缩减它们的资产负债表，但根据英格兰银行的数据，这些资产负债表一直在扩大。情况看上去很蹊跷。

我写了几篇文章，询问这个奇怪的"水下"世界是否存在风险，遭到金融家的抗议。接着，在 2005 年秋天，我休了产假。这个时机让我很沮丧，我向同事们抱怨："我将错过所有的乐趣！"我有一种预感，市场的形态已经变得如此古怪，以致我不在办公室的时候，市场肯定会发生调整。我错了：当我在 2006 年春天回到报社时，我发现市场不仅没有调整——即下降，借贷成本反而下降得更低，信贷发放量上升，创新变得更加疯狂。我完全错了吗？自从我被迫重新思考我在塔吉克斯坦写作的博士论文之后，我就敏锐地意识到我的偏见有时是多么的错误。

但后来我的不安变得更加强烈——我写了越来越多的批评文章。这是一条令人感到孤独的道路：即使金融活动变得越来越狂热，依然很少有外人窥探这个陌生的世界，更没有人试图敲响警钟。银行家们围绕着"市场的流通化"和"风险分散"的价值等理论编造了一个富有诗意的"创造神话"，以至于很少有外人觉得有能力挑战他们。银行家们也没有动力去质疑自己。他们也不是刻意对自己和他人撒谎；更重要也是更严重的问题是"习惯"的问题，即我曾经用于解释奥比·萨菲德中公共和私人空间分裂的、布迪厄所提出的概念。金融家们生活在这样一个世界里：交易柜台之间相互竞争，银行之外（甚至是其他交易柜台）没有人知道这些交易柜台正在发生什么，这似乎是完全自然的。执行交易的杂乱业务被外包给银行的另一些地位较低的部门，这也是自然的。对金融家来说，他们是唯一理解其行业术语的人，而这种令人困惑的语言将其他人吓跑了，但这似乎也不值得一提。由于金融家在电子屏幕上进行交易，使用抽象的数学，他们的思想和生活完全脱离了证券化对现实世界的影响，这对他们来说并不奇怪。

这其中确实存在例外。正如电影《大空头》（根据迈克尔·刘易斯的书改编）所示，在 2005 年和 2006 年，一些对冲基金投资者决定"做空"抵押债务和信用违约互换热潮中心的次级抵押贷款项目。引发这一举动的原因是，一位金融家去佛罗里达州，撞见了一位跳钢管舞的人，她申请了很多她根本不可能偿还的抵押贷款。在金融链末端看到一个活生生的人，揭示了这一行的矛盾。但现在回想起来，令人吃惊的是，这样的面孔是多么罕见。很少有金融家愿意与借款人交谈，不管她们跳不跳钢管舞，或者从全局看实地正在发生的事情。金融家的"鸟瞰"思维与人类学家的"虫眼"（最底层）视角截然相反。这恰恰是使情况变得危险的原因。

有时我试图向金融家们指出这一点。他们通常看上去并不热衷于倾听。我后来向《卫报》的记者巴顿诉说："我们在金融城银行家那里遇到强烈的抵触，他们会问：'你为什么对这个行业如此批评？为什么你这么消极？'诸如此类。"在 2007 年的达沃斯世界经济论坛之行中，我被讲台上发言的人指名批评。我告诉巴顿："当时美国政府中最有权势的人之一站在讲台上，挥舞着我的文章……作为危言耸听的例子。"
还有一次，在 2007 年春末，伦敦的一位高级金融家把我叫
到他的办公室，抱怨我一直用"阴暗"和"不透明"这样的
词来描述信贷衍生工具。他认为这种词汇是不必要的危言耸
听。他斥责我说："这不是不透明的！任何人都可以在彭博社
的信息终端上找到他们需要的任何东西！"

我问道："但是，不在彭博社终端上的那 99% 的人怎么
办？"这位金融家显得很不解：他似乎没有想到，那些人也
可能有权利，或至少想要去探究金融。我想，这又是"布隆
伯格村"的问题。金融家们没有思考或谈论的东西很重要。
同样重要的是，忽略这些问题已通过习惯成自然。正如布迪
厄曾经指出的："最成功的意识形态效果是不需要言语的。"
美国作者辛克莱表达得更直接："让人们去理解那些跟他们的
利益冲突的事情是很难的！"

然而，问题并不仅仅在于金融家。媒体的文化模式也很
重要。对我来说，作为一个记者，我很难看到这些模式，因
为我受哪怕现在也受自己的环境和偏见的影响。然而，人类
学家一直对在不同社会中如何创造叙事的问题着迷，无论是
通过神话（19 世纪的詹姆斯·弗雷泽和 20 世纪的列维·斯
特劳斯等学者的研究）还是电影（20 世纪人类学家霍顿斯·波

德梅克将镜头转向好莱坞的研究）。媒体也是现代叙事流的一部分，因此也被文化偏见所左右，尽管记者们往往很难看到这一点，因为他们在工作中是以提供冷静、中立的报道为原则（令人钦佩）的。外界经常关注记者的政治偏见这一有争议的问题。然而，一个更微妙且鲜有讨论的问题是，记者是如何被教导定义、构建和传播与政治、金融、经济或其他方面有关的"故事"，这是一个更宽泛的问题。西方记者接受的培训是，如果信息中包含几个关键要素，就可以将其归入"故事"类别：一个（或一群）人，具体的数字和事实，记录在案的引言以及一个叙事，最好是有戏剧性的。当我在2005年和2006年环顾金融界时，我看到这些定义"故事"的元素在股票领域大量存在：公司做了实实在在的事情；股价以可见的方式变动；分析师给出了报价；公司高管可以被拍到照片；有始有终的叙述。

　　然而，关于债务和衍生工具故事的最大问题是，它几乎缺乏所有这些创造"故事"的特征。它很少出现人的面孔。很难得到令人感兴趣的明面报价。有关该行业的具体数据也很罕见。事件以缓慢的、不规则的趋势出现，而不是戏剧性的节奏。更糟糕的是，这个行业被淹没在丑陋的缩写中，对外人来说，这些缩写就是天书。这使它看起来复杂、怪异、完全无趣，因此就像沃夫在康涅狄格州的仓库里看到的"空"油桶，或者贝尔在新加坡的停车场里拍到的人们车里的"混乱"一样容易被忽略。

我后来在一份备忘录中向法国央行解释说："西方记者通常认为，一个'好故事'是有大量人文元素的故事。"正如新闻界的行话一样："有流血，上头条。"但证券化缺乏这一特点，因为它是一个缓慢的、不透明的故事，变化发生在不规则的弧线上。在衍生工具世界之外，很少有人愿意涉足混乱的"字母（缩写组合）汤"，以了解在这个看似沉闷的世界中发生了什么。正如我告诉法国央行的那样："既然这个话题不符合'好故事'的普遍定义，大多数报纸就没有动力去报道这个故事，特别是在媒体资源稀缺的时候。"这一点，而不是任何故意的掩盖或隐藏活动的卑鄙计划，是金融失控的主要原因。问题隐藏在众目睽睽之下。或者正如我有时对同事们所说笑的那样："如果你想在 21 世纪的世界里隐藏一些东西，你不需要创造一个 007 詹姆斯·邦德式的情节。只要用缩写词汇或短语来掩盖它就可以了。"

2011 年，我遇到了格林斯潘，这位传奇人物曾在 1987 年至 2006 年掌舵美联储。我们当时在阿斯彭思想大会上相遇，这个会议每年都在美国科罗拉多州的同名小镇举行。他问我在哪里可以找到一本关于人类学的好书。"人类学？"我惊讶地反问。在这之前，这位强大的前中央银行家——因为他对金融市场的影响力而被称为"大师"——似乎是最不可能对文化研究感兴趣的人。他是相信自由市场理论的政策制定者和经济学家群体的缩影，他们认为人类是由追求利润和理性的自我利益驱动的，甚至理性到可以用牛顿物理学的模型来追踪。这种立场促使格林斯潘支持金融创新，并对此采取不闻不问的策略；即使他担心信贷衍生工具或其他领域会出现泡沫，他也认为这些泡沫会自我纠正，因为市场是流通和有效的。

尽管他偶尔会对衍生工具的内在风险提出警告，但他同意金融家的观点，即抵押债务和信用违约互换等产品会使市场更有"流动性"和效率，因此，他对这些产品表示赞同。

我问他为什么想了解人类学，格林斯潘带着狡黠的微笑指出，世界已经改变，他想了解它。这似乎是一种轻描淡写的说法。2007 年夏天，在债务链中的一些债权人——如美国抵押贷款借款人——开始出现违约后，金融危机爆发了。这些违约的最初损失并不是很大。然而，它们在金融方面造成了相当于食物中毒的恐慌，很容易再一次用香肠的比喻来解释：如果一小块烂肉进入了屠夫的搅拌机，消费者就会避开所有的碎肉和香肠，因为他们无法判断毒物可能在哪里。当抵押贷款出现违约时，投资人会拒绝触碰任何抵押债务，因为他们无法跟踪风险，因为这些工具已经被切割了很多次。本应在投资者之间分散风险，从而使其更容易禁受打击的金融工具，为系统引入了新的风险——信心的丧失。因为没有人知道风险去了哪里。

在将近一年的时间里，金融当局争先恐后地解决这个"金融食物中毒"的问题，解决办法是支撑市场，救助银行，然后隔离（和清除）包含不良抵押贷款或"毒药"的金融工具。然而这并不奏效：2008 年 10 月，一场全面的金融危机爆发了。这对格林斯潘等人来说是一个痛苦的认知打击。整整一代的政策制定者都相信，自由市场的经济激励机制可以创造出如此高效的金融体系，以至于如果出现任何过度行为，比如信贷泡沫，它们都会自我纠正，不会造成真正的损害。现在看来这是错的。或者正如格林斯潘在 2008 年底告诉国会的那样："我的思维上有缺陷。"这就是为什么他想读一些关于人类学的书：他想知道"文化"是如何扰乱这些模型的。

我被打动了。当格林斯潘第一次向国会发表承认"缺陷"的评论时，这一承认引发了广泛的嘲讽，特别是那些在崩盘中损失了资金的人。但我认为这种反应是不合适的。任何领导人，更不用说被称为"大师"的人，都很少在公开场合承认自己有知识上的错误。更少有人会试图通过探索一种新的思维模式，如人类学，来重新思考他们的想法。我认为格林斯潘在拥抱一种新的精神探索方面是值得肯定的。但在我们讨论人类学时，我也意识到，格林斯潘想了解"文化"的原因与大多数人类学家的动力不尽相同。对他来说，研究"文化"主要是试图理解为什么其他人会有奇怪的行为。因此，他转向人类学的原因与惠蒂在英国面对埃博拉病毒期间向人类学家寻求帮助的原因相同：了解"奇怪"的其他人。当我在阿斯彭遇到他时，格林斯潘特别好奇的是文化模式如何影响比如 2011 年的欧债危机，他觉得希腊人的行为特别令人困惑。换言之，希腊人对他来说就是一个奇怪的"他者"，特别是将他们与德国人相比时。他想知道希腊人的文化模式是否会使欧元区崩溃。

这是一个合理的担忧。人类学家经常探索"他者"。但这只是人类学所能提供的一半知识，在 2008 年之后，不仅是希腊提供了有趣的文化分析材料；华尔街或伦敦金融城刚刚发生的债务问题也同样有趣。所以我建议他读一些人类学家对西方金融所做的研究。有很多可供选择的研究方案。例如，人类学家凯特琳·扎鲁姆（Caitlin Zaloom）曾在 2000

年与芝加哥交易市场和伦敦市场的交易市场人员一起生活，并跟踪了传统交易向电子交易的转变是如何影响了金融家的文化。何凯伦解构了华尔街的流动性意识形态，并指出，金融业不断失控的一个关键原因是金融家们将这种框架移植到了实体经济中——却没有意识到这在其他人看来是多么的奇怪，甚至是不合适。据她的观察："我的华尔街信源没有认识到，不断的交易和疯狂的员工流动性是华尔街的独有文化，而是将他们的操作实践与他们作为市场解读者的文化角色混在一起。他们混淆了'自然的'市场规律和金融周期。"同样，苏格兰金融社会学家唐纳德·麦肯齐分析了交易员的部落主义是如何促使他们为金融产品建立不同的估值模型，即使是用同样的所谓"中立"的数据进行计算。一位美国法律人类学家——将人类学应用于法律的人——安利斯·瑞尔斯（Annelise Riles）对日本和美国的衍生工具合同对文化的意义做了惊人的分析。另一位名叫梅丽莎·费舍尔（Melissa Fisher）的法律人类学家分析了围绕华尔街性别不平衡的特殊问题。丹尼尔·苏莱尔斯（Daniel Souleles）研究了私募股权玩家的网络。亚历山大·劳莫尼耶（Alexandre Laumonier）做了一项引人入胜的工作，研究手机信号塔的位置如何影响芝加哥和伦敦的对冲基金的交易策略。另一位法语人类学家莱比奈在一家法国银行担任股票衍生品交易员，他写了一份出色的研究报告，阐明了即使是金融家也很难理解的"破坏性的金融工程"和"创新金融产品产生的风险"。正如人类学家凯斯·哈特（Keith Hart）所言，有大量的研究试图以更广泛的文化背景来考虑宏观经济模型，并将经济嵌入社会生活之中。甚至还有一项针对格林斯潘"部落"的出色研究。美国人类学家道格拉斯·霍姆斯（Douglas Holmes）曾研究英格兰银行、瑞典银行和新西兰储备银行等机构的礼仪，并得出结论：中央银行家们对经济施加（或施加了）影响的方式，不是通过机械地改变货币价格（正如经济学家的模型中通常假定的那样），而是通过施展"口头咒语"。因此叙事和文化很重要，即使对中央银行家来说也是如此；其实，叙事和文化对央行来说尤其重要。

但格林斯潘似乎并不特别热衷于阅读有关他自己后院的文化研究；像绝大多数非人类学家一样，他认为人类学是关于研究"陌生的"东西（在他看来，希腊就是"陌生的"）。这也难怪：任何人要客观地反视自己或自己的世界都不容易，更何况精英。用人类学的眼光看我们自己，可以揭示出关于我们世界的令人不安的真相，而精英们很少有动力这样做，无论他们是在金融、政府、企业还是媒体工作。曾经为施乐公司工作的人类学家露西·苏赫曼（Lucy Suchman）说过：
"雇用人类学家的企业的问题是，人类学家可能会带给你你
不想听的信息。"

　　然而，正因为精英们很难"翻转镜头"，所以尤为重要。
这一点在新冠病毒的故事中得到验证。在金钱的世界里也是
如此。如果金融家们在 2008 年之前以人类学家的视角来操
作，金融泡沫可能永远不会变得如此之大，然后以如此可怕
的方式破裂。同样，如果有更多的中央银行家、监管者、政
治家以及记者能够像人类学家那样思考，他们就不会对日益
增长的风险视而不见，也不会对银行家如此信任。

　　但这不仅仅是一个关于金融或医学的故事。远非如此。
大多数商业领袖和政策制定者都可以通过询问有关人类学的
基本问题而受益。如果一个火星人突然降落在这里，环顾四
周，他们会看到什么？ 我忽略了什么是看起来熟悉而非"陌
生"的东西？如果我在生活中使用"意义之网"或习惯等概
念，我可能会看到什么？

第5章

公司内的斗争
为什么通用汽车的会议失算了

"为了看清鼻子前面的东西，需要付出持续的斗争。"

——乔治·奥威尔（George Orwell，英国著名作家）

德国工程师伯恩哈德，此刻心中充满愤怒。在他面前，坐着一群他的工程师同事。这里是美国密歇根州沃伦市，伟大的美国汽车巨头通用汽车公司园区里的一间乏味的会议室。会议室中，有些人来自通用汽车一个名为"土星"的子公司，一家位于500英里外的田纳西州春山市（Spring Hill）的一家汽车生产工厂。其他人来自沃伦本地的一个被称为

"小型汽车集团"的工作小组,该小组生产雪佛兰骑士和庞蒂克太阳火等品牌。但伯恩哈德在 4 000 英里外的德国吕塞尔海姆工作。他是一家名为亚当·欧宝的公司的首席工程师,该公司本应与土星公司和"小型汽车集团"合作,制造一种全新的汽车,作为双边高调合作的一部分。此时是 1997 年 12 月 9 日。

这种合作关系的重要性不言而喻:通用汽车的董事会及其投资者希望通过这次合作,可以让陷入困境的汽车集团得以振兴。两家公司的几百名工程师已经藏身于沃伦的通用汽车大楼二楼为这个代号为 Delta Two 的项目工作一年了。这是他们的第二次尝试合作。但事情并非一帆风顺。在这栋大楼的一角,一位名叫伊丽莎白·布莱奥迪(Elizabeth Briody)的人类学家,使用我曾经在塔吉克斯坦用过的参与式观察技巧,试图发现问题的原因。

"小型汽车集团"的代表玛丽宣布:"上次(11 月)我和你见面谈话时,我们已经将'停车—刹车—电缆—路由'缩小到两个路由(系统)——'土星'和'本田'。"这次会议是为了讨论在哪里为假定的 Delta Two 汽车的停车系统安装线路。玛丽一边挥舞着一段由通用汽车的竞争对手福特公司制造的电缆,一边说:"我们决定,我们制定一套'必须和

需求'的标准，并对它们进行评级。土星公司的路线得到了
2301.5 分，本田公司的路线得到了 2107.5 分。这表明我们应
该使用土星的路线。"然后她抛出了一个炸弹："欧宝对这个
决定不满意。"

土星公司的首席工程师说："你不能同意参与，然后再说
不喜欢数据。"

曾在土星公司工作的小型汽车集团的总工程师罗里跳了
出来："当我们做出决定时，我们必须有共识。大家必须觉得
此事 70% 正确……如果之前没有欧宝人的支持，那么我们就
没有共识。任何共识在大多数人眼中都是不完美的。"

"我的人没有同意。"欧宝的总工程师伯恩哈德突然说。
他的同事补充说："我们被否决了。"

罗里反驳道："整个团队先认可，然后再说'不，我的团
队不认可'，这是不能接受的。"该小组已经花了总共 280 个
小时来讨论这个问题，但没有结论。房间里弥漫着闷闷不乐
的怒火。

小型汽车集团的另一位高管埃利奥特指出，围绕着新车
的"EPS"（电子四轮动力转向系统）也在进行着类似的争论，
但这并无助益。但伯恩哈德继续说："我对土星的解决方案有
两个担心——地毯和噪声与振动。"

"我们已经晚了一个半星期。"玛丽团队的一名成员反驳说。

"我不能结束这个话题。"伯恩哈德反驳道。

"我们需要你接受这个团队的决定。"罗里坚持说。

"但这个团队并没有得出一个一致的决定。"伯恩哈德说。

"要怎样才能达到一致?"罗里问,似乎很绝望。似乎没有人知道。

布莱奥迪一边记笔记一边试着观察一切。通用汽车的员工通常会忽略她,因为理论上她是他们中的一员:她在通用汽车制造商的一个名为通用汽车研究部的部门工作,并住在密歇根。虽然她看起来像一个局内人,但她知道她的工作要像一个局外人一样思考。当她倾听时,她注意到两个引人注目的重要问题,而这些工程师本身作为内部人士是看不到的。首先,正在进行的不仅是"德国人"和"美国人"之间的斗争,不同的美国人群体之间也有很多争斗。通用汽车正面临内部分裂。其次,会议之所以如此激烈,不仅仅是因为工程观点的不同(比如,把电缆放在哪里),而是因为内部人员没有看到的东西:在讨论工程问题之前,不同的群体对会议的概念有不同的文化假设。他们从来没有注意到这些差异,更不用说反思了,因为他们认为"会议"是理所当然的。然而,就像奇巧巧克力在世界各地看起来很相似，但却蕴含着不同的意义一样，被称为办公室会议的现代仪式可能看起来很普遍，但其实不然。如果没有意识到这一点，就机构如何运作或根本不运作而言，可能都是灾难性的。

布莱奥迪在 Delta Two 项目结束不久后对一位记者说："我所做的是将隐含的东西明确化。有时这让人们感到不舒服，但这是人类学家的工作，我们帮助人们更清楚地看到规律。"此外，这些规律不仅解释了为什么像通用汽车这样曾经伟大的公司在 20 世纪末出现问题，而且还解释了为什么各种各样的风险曾经（现在）困扰着其他公司的业务，大到曾经（现在）尝试跨国、兼并，小到仅仅是简单地结合不同的专业技能，比如当一家汽车公司试图造一辆自动驾驶汽车时。

通用汽车不是第一家利用人类学来研究自己的大公司。这个荣誉可以说是属于一家名为西电的企业，AT&T 电信集团的前身，它的主要工厂曾经在伊利诺伊州的霍桑。1927 年，公司管理层邀请了哈佛大学新兴的人类关系学院的一些研究人员进入他们的工厂，研究正在制造电话设备和部件的大约 25 000 名工人。他们这样做的原因是，公司领导想回答一个问题，这个问题仍然是商学院研究和管理咨询的主题：西电公司使用的做法是否富有成效，是否能提高劳动生产率？这是一个引发巨大焦虑的问题，因为在 20 世纪 20 年代，就像今天一样，快速的技术变革和全球化正在颠覆企业。

哈佛大学参与该项目的团队由一位名叫埃尔顿·梅奥（Elton Mayo）的精神病学家负责，但也包括一位名叫威廉·劳埃德·华纳（William Lloyd Warner）的人类学家，他之前曾研究澳大利亚的土著人社区，然后转向研究美国的企业制度，这似乎预示着后来贝尔在英特尔公司采取的转型。研究人员们进行了两组实验。首先，他们将不同的工人团队置于厂房不同水平的光线下，并观察这是否会影响他们的表现。然后，他们做了同样的实验，但同时改变了他们的作息时间表。

结果是惊人的，但与人们所预想的不一样。观察结果显示，在改变照明和休息时间安排时，工人的生产力没有什么变化。但当工人们认为他们被监视时，他们的工作效率相较于认为没有研究人员在场时有了极大的提高。这让研究人员感到头疼，因为这表明研究人员的存在本身就改变了他们应该研究的内容（这种现象后来被称为"霍桑效应"）。它还为企业管理人员提供了一个教训，这个教训在 21 世纪和它在 20 世纪初一样重要：有时候，提高工人生产力的最简单方法就是让工人认为他们正在被监视。

　　精神病学家梅奥随后在工人中进行了调查。但这个实验也没有按计划发展。当他们填写调查表时，工人们无一例外地只给出了他们认为研究人员想听到的答案。所以华纳建议，采用他在澳大利亚原住民中的研究工具可能更明智：非程式化观察和开放式访谈。不过，另一位人类学家加布里埃尔·圣地亚哥·胡拉多·冈萨雷斯（Gabriel Santiago Jurado Gonzalez）指出，让精英学者"不受干扰"地倾听工人们想说的话，并不容易。地位高的教授和管理层习惯于发表讲话，而不是像米德描述的那样，以"孩子般的好奇心"观察和倾听。

　　但在接下来 3 年的时间里，该公司允许研究人员进行了20 000 次非程式化的访谈。这些访谈表明，西电的管理层对他们的员工有完全错误的假设。经理们认为，工人对经济激励的反应最直接，且工厂里正规的官僚化的员工等级制度反映了实际权力。但是，据冈萨雷斯的笔记，研究人员发现：公司内部有一个非正式的组织结构，它是由同事之间现有的社会关系诞生出来的……与公司的组织结构和内部规定所建立的正式结构不一样。此外，经济激励并不是唯一影响绩效的因素；相反，研究人员发现了类似这样的故事：一个 18岁的女工在家里说她"被逼着去要求工厂加薪"，但又担心

"加薪意味着把自己从她感到自在的工人群体中分离出来"。

公司领导感到震惊,要求哈佛团队(当时该团队已与芝加哥大学合作)研究哪些激励措施可以提高生产力。然而,这项研究又一次没有获得他们所期望的答案。冈萨雷斯写道:"工人们制造了一个谣言,说最有生产效率的员工被管理层'收买'了,他们通过提高平均产量,以获得个人利益。因此,没有一个工人想挺身而出。"高管们不知道员工的真实情况,甚至不知道他们知道或不知道什么。

当大萧条来临时,西电的研究项目停止了。在第二次世界大战之后,使用社会科学的概念——或者说人类学家所使用的那套观察术不再受到青睐。战后的美国被工程和理科所吸引;未来的管理层被灌输科学管理、公司效率和有效规划的体系思想。当工业技术看起来如此激动人心时,谈论"小圈子"似乎已经过时了。对于一个雄心勃勃的美国企业高管来说,似乎也没有任何动力去思考文化差异,因为西方盟国已经在战争中取得了胜利,美国公司的实力也在不断膨胀。

然而,随着20世纪的持续,人们的心态开始转变。远离众人的目光,通用汽车公司展开了一项人类学实验。回顾20世纪初,这个汽车巨头一直是美国,甚至全世界最强大和最成功的公司之一。事实上,在20世纪50年代,该公司占有绝对垄断地位：消费者购买的所有美国汽车中几乎有一半来自密歇根州的通用汽车公司，以至于当时的通用汽车公司总裁查理·威尔逊宣称："对通用汽车有利的事情就是对美国有利的事情。"然而，到了 20 世纪 80 年代，通用汽车的光环迅速衰退。从 20 世纪 60 年代开始，德国和日本汽车进入美国市场，首先通过进口，然后在美国建厂。这些"外国车"迅速赢得了市场份额。然后，工业界的不满情绪日益高涨：1970 年，汽车工会工人在通用汽车公司举行了持续 67 天的罢工，使该公司损失了 10 亿美元的利润。人们对美国人的管理制度产生了怀疑。通用和福特在 20 世纪上半叶通过使用大规模生产系统取得了令人瞩目的成功，该系统假定对待工人的最有效方式是像对待机器中的齿轮一样，将每个人分配到一个明确的等级制度中的一个规定的工作环节。然而，新的日本对手采用了不同的系统（有时被称为"丰田生产系统"或 TPS），要求工人在小团队中合作，以更灵活的方式负责汽车的整个生产过程，而不是把每个工人当作一个预先设定的齿轮。起初，美国人对这种安排嗤之以鼻。但到了 20 世纪 80 年代，蔑视变成了反省。

通用汽车的高管们和其他汽车制造商一样，通过在研发方面投入资金，雇用工程师和科学家来改进汽车设计。其中一位是罗伯特·A. 弗罗什（Robert A. Frosch），他是一位物理学家和美国国家航空航天局（NASA）前局长，被任命为研发团队的负责人。弗罗什曾在理科的世界中崭露头角。但在他职业生涯的早期，他遇到了一位与科学家们一起工作的组织内部人类学家，并对后者融合各种观点的想法很感兴趣。布莱奥迪说："他是一个文艺复兴做派的人。"因此，他决定将一名社会科学家引入通用汽车的研发团队。

像大多数进入商业领域的人类学家一样，布莱奥迪从未想过自己会被拉进这个世界，也没有想过她的道路会与弗罗什这样的人相交。20 世纪 80 年代初，她在得克萨斯大学攻读人类学研究生，在那个时代，她的同行们通常会去发展中国家做实地调查。由于布莱奥迪会说一些西班牙语，前往拉丁美洲或中美洲似乎是一个自然的选择。但她极度缺钱。所以她改变策略，转而研究在她的大学里打扫楼房的清洁工（大部分说西班牙语）群体。以前没有人做过这种工作，因为这个群体看起来一点也不"陌生"或迷人。但布莱奥迪对可能在隐藏于众目睽睽之下的东西感到好奇。她后来解释说："我花了好几个小时在午休时间和清洁工坐在一起，听他们讲述他们的生活和工作中的一切。他们很高兴与我交谈，因为他们还不习惯被人注意。"

她后来研究了来自墨西哥的移民农场工人，他们在得克萨斯州的果园里采摘橙子和葡萄。这也是"水下"美国的一部分。然后，一些通用汽车的研究人员听说了她的工作，并邀请她使用同样的研究技术来观察公司装配线上的工人。于是布莱奥迪在 20 世纪 80 年代中期访问了位于密歇根州的通用汽车办公室，她"着迷了"。对她来说，研究一家工厂及其看似"麻烦"的工会成员就像去亚马孙或特罗布里安群岛一样令人激动；它代表了一个新的知识领域，美国航空航天局的物理学家弗罗什几乎和她一样热衷于探索。

不久之后，布莱奥迪来到密歇根州一家嘈杂的工厂的装配线旁。到 20 世纪 80 年代中期，通用汽车公司的经理们已经使用了各种所谓的科学管理工具来衡量其工厂里发生的事情——最重要的是，试图找到什么地方出了问题。然而，布莱奥迪采取了不同的策略。她的任务是观察生产工作是如何完成的；因此，她以典型的民族学研究风格，开始观察一切引起她注意的东西，不管它是否符合管理"问题"的通常定义：材料搬运工驾着面包车呼啸而过；储存区散落着到达的库存；在"坑"中将螺栓固定在车辆底部的装配工；修理区挤满了卡车。她努力避免对重要的事情有预设的想法，而是像孩子或火星人一样观察。

　　有一天，她在跟随一个材料处理员时，后者说了一句令人震惊的话。"很多人都在囤积零件。"他指着储物柜说。布莱奥迪的耳朵竖了起来。当时，受日本汽车制造商取得的显著成果刺激，汽车行业正处于所谓的质量运动中，工厂一直在进行"质量培训"，并向每个员工灌输这些理念，为了建立一个灵活的物流系统。继而，布莱奥迪问，为什么会有人"囤积"零件？

　　一位材料处理人员告诉布莱奥迪，"如果你的生产线即将用完某个零件，你就得负责，如果生产线停工，哪怕是 5 到 10 分钟，都会影响到你的工头、总工头、主管和工厂负责人，而且还会让通用汽车损失一大笔钱。因此，很多人囤积了某些零件，并把它们存放在他们的储物柜（或）错误的库存区，这样只有他们自己才知道它们在哪里。"在布莱奥迪看到一条装配线因缺乏零件而停工后，另一位材料处理员解释道："如果这个材料处理员以前就囤积一些额外的（零件），他就不会面临这个问题。我一次又一次地发现零件被藏在工厂的不同地方。"现成的库存系统被忽略了。相反，大家在进行一场捉迷藏的游戏。据一位材料处理员观察："我们是一个棋盘游戏或比赛的一部分，看谁能找到零件并首先回到'家'里。"捉迷藏的"游戏"激烈异常，以至于布莱奥迪估算它占用了材料处理员 1/4 的时间。这让人吃惊。更令人惊讶的是，高管们根本不知道这个"游戏"正在进行。

这引出了一个问题：为什么工人们会像淘气的孩子一样，把零件藏在他们的储物柜里？布莱奥迪总结说，答案是工人们处于一个两难的境地。塑造了美国汽车产业的量产模式的衡量标准是工人们作为"齿轮"的表现，使用的是量化指标。如果有更多的汽车从装配线上下来，就会有奖金；如果产量达不到，就没有奖金。而由日本和德国汽车制造商开创的新"质量运动"，通过不同的指标来衡量工人表现，如产品是否有缺陷。这一战略重点的调整，在向投资者介绍时，听起来令人肃然起敬。但有一个问题：即使在"质量"的语境中，美国工人的绩效仍然被"数量"所衡量，并以此获得工资。而且工厂仍然有等级制度，把工人当作齿轮。

工人们用一种独特的策略来应对："甩锅文化"。每当出了问题，工人们的第一反应是甩锅给别人或其他东西，而不是寻求自己的解决方案，因为他们觉得自己没有足够的能力来解决任何问题。一位材料处理员向布莱奥迪解释："如果你承认某件事是你的错，你就必须做点什么。甩锅给另一个部门和另一个班次要容易得多……第一条经验法就是'推卸责任'。"确实，当布莱奥迪回顾她听到的工厂谈话记录时，她发现"工人相互指责的可能性比相互赞扬的可能性高七倍"。

这意味着，投资者、高管和一些政客声称的通用汽车的问题是工会和管理层的斗争，这一想法是错误的。相反，这些争斗是更大的结构性挑战和矛盾的征兆。因此，你不能希望仅仅通过自上而下的观点来"解决"通用汽车的生产力问题；你还需要通过工人的眼睛，自下而上地观察世界。尽管记者、投资者、政客和经理们都沉迷于围绕工会的显现争斗，但可以说更重要的，却在很大程度上被忽视的是，工厂里不断发生的隐蔽的规则颠覆，例如在装配工的柜子里的汽车零件游戏。

对于投资者和管理者来说，当时和现在都有一个更大的教训。当商学院的学生被教授关于公司的知识时，他们通常专注于正规的机构等级制度和"组织结构图"，并思考当不同的团队或等级制度的层级之间爆发公开冲突时会发生什么。然而，人类学家一直都知道，权力不仅是通过官方的等级制度来行使的，也可以通过非正式的渠道来行使，而且冲突并不总是以公开的方式发生。人类学家詹姆斯·斯科特对马来西亚农民的研究很好地说明了这一点：在这项研究中，斯科特表明，当农民面对地主的压迫时，他们通常不会以公开的冲突进行反击，而是采取拖延和颠覆战术，或如他所说的"拖后腿"。马来西亚的农民似乎与密歇根工会关系不大。但布莱奥迪所观察到的只是另一种深刻的"拖后腿"现象，是对正在进行的库存系统的一种适应。这种"拖后腿"正在产生广泛的、破坏性的影响——但其方式是大多数西方企业主管无法看到的，因为他们从未想过要进入（工人的）更衣室。

20 年后，在 2008 年金融大危机前夕，布莱奥迪回到工厂车间，在那里她看到了装配线上的"捉迷藏"游戏。过去这些年里，通用汽车的亚洲竞争对手抢占了更多的市场份额，作为回应，通用汽车等公司已经将一些生产线从其诞生地总部——密歇根州——转移到美国的其他角落，如田纳西州，那里的工会力量较弱。他们还在墨西哥等地设厂。这种"外包"是为了降低成本，因为墨西哥的工资比密歇根州的低得多。但它产生了一个让人意想不到的附加后果：墨西哥工厂生产的汽车不仅成本低，而且往往质量更高。

为什么呢？布莱奥迪和通用汽车的两位同事——特雷西·米尔沃斯和罗伯特·特罗特被派过去调查，使用类似的研究模式。从某种意义上说，他们的发现是令人振奋的。当布莱奥迪在 20 世纪 80 年代做最初的研究时，她的印象是：她的许多建议最终都被高管们忽略了——尽管通用汽车董事会看过。然而，20 年后，她发现令人惊讶的变化发生了。自上而下的统计数据显示：1986 年至 2007 年，公司的生产力提高了 54%；1989 年至 2008 年，客户投诉下降了 69%（尽管在接下来的 10 年里，由于点火开关故障的丑闻，这一数据再度恶化）；1993 年至 2008 年，因工伤和疾病造成的工作日损失下降了 98%。

更令人震惊的是，民族学研究表明，"甩锅文化"正在消退。米尔沃斯在密歇根州的一个工厂看到的一个小插曲反映了这种变化。有一天，她参观了一个新入驻的冲压厂，该厂还没有完全配备所有的冲压设备和其他设备，而且只运行一个班次。一位叫戴维斯的工厂经理要求一组工人——"熟练工"小组——在全新的工厂地板上为工人娱乐室挑地方。工人们选择远离印刷机噪声的地方，在四角贴上胶带。但戴维斯希望娱乐室靠近经理们的办公室。一场对峙随即展开。"我们很不高兴，"UAW（汽车工人工会）的一名主要成员唐告诉米尔沃斯，"说让我们有选择，然后又没得选，这好比打了我们一记耳光！"20 年前，这场斗争可能会引发工会和管理层的斗争。但现在戴维斯退缩了，而唐的团队在他们最初选择的地址得到了娱乐室。唐说："有时我觉得我在用头撞墙。通用汽车的传统是一种认知，即'嘿，我是新老板。这就是我的风格。'（但）我可以坦率地说，我们比 10 年前有了改进，比 20 年前有了更多的改进。我们在这里有一个成功的秘诀。……尽管我们还不完美。"一种更为赋能的文化正在诞生。

布莱奥迪小组从未有机会向通用汽车的高层管理人员介绍这些发现。就在他们刚完成研究时，金融危机爆发了，引发了严重的经济衰退。这导致了通用汽车破产，政府接管，布莱奥迪和其他研究人员与成千上万的通用汽车员工一起失去了工作。布莱奥迪后来说："发生的事情令人非常难过。我不认为通用汽车在 20 世纪早期的发展中得到了足够的认可；它终于开始向更好的方向发展。但那时已经太晚了。"

在随后几年里，布莱奥迪发现她在通用汽车学到的经验可以应用于许多公司。她向一些全球化企业建议如何应对不同种族群体之间的内部文化冲突。她与人合撰了一本畅销手册，帮助被派往国外的西方企业领导人应对看似"陌生"的文化。然而，当她提供关于跨文化误解的建议时，她还强调了一个关键但经常被忽视的问题：最严重的误解有时发生在所谓的同一民族的不同团队之间，特别是当他们来自不同的地方或受过不同的专业培训（例如，IT 工作者与工程师混在一起）。当人们说同样的语言或有着相同的民族身份时，沟通有时会更加危险，因为没有人会意识到或质疑"自己人"的推测——或想到去问问其他人是否想法一致。

研究西方职业文化其他方面的人类学家一直强调这一点。早在20世纪80年代，弗兰克·杜宾斯卡斯（Frank Dubinskas）与一个研究小组合作，研究几个不同的群体是如何理解"时间"的概念：粒子物理学家、从事遗传研究的生物学家、半导体工程师、中医专家，以及律师和金融家。他说："'时间'，更确切地说'时代'对于我们所调查的科学家、工程师、医生和管理人员等不同群体来说，意味着不同的东西。我们习惯于把他们都说成是'西方文化'的一部分，仿佛有一些统一的背景或霸道的框架来规范时间。然而，对于从事科技工作和塑造从事科技工作的专业人员群体中，时代的社会构建差异是至关重要的因素。"

当布莱奥迪后来回顾通用汽车公司命运多舛的Delta Two项目的笔记时，她可以看到她的研究是围绕着一系列错误的假设开始的——这一点很常见。通用汽车的大多数人都认为，困扰项目的问题是因为"德国人"（来自德国吕塞尔海姆的欧宝公司的工程师）与"美国人"（来自田纳西州斯普林希尔的土星公司和底特律地区的小型汽车集团）发生了争执。使用这些种族标签似乎很诱人，因为不同的团队有不同的语言，并且在捍卫不同的汽车技术。但是，当布莱奥迪观察这些团队的行动时，她发现种族标签只能解释问题的一部分。一个引人注目的问题是，在吕塞尔海姆工作的美国人的行为与亚当·欧宝团队的其他人一样，即像"德国人"，而底特律地区的德国人的行为与他们团队中占多数的美国人一样。所以，重要的不是种族，而是在不同机构和地点出现的文化。另一个引人注目的问题是，"美国人"远非统一，也有文化上的分歧。其中一个团队位于密歇根州，靠近通用汽车的传统总部。然而，第二支队伍来自通用汽车田纳西州的春山市，该厂是通用汽车在 20 世纪 80 年代为了抵御来自日本对手的竞争而修建的。通用汽车的高管们特意将这个新工厂安排在远离密歇根州的地方，以打破工会的势力，改造工厂工作，创造更多"协作式"的管理和工人实践。因此，春山市工厂的文化与总部的也不同。而这种不同与"德国—美国"的分歧一样重要。

工人们无法轻易地描述自己文化的决定性特征，因为他们都认为他们的工作方式是"自然的"。但布莱奥迪一直试图比较他们的差异，而且像其他人类学家一样，她发现观察仪式和符号有助于澄清规律和区别。在塔吉克斯坦，我曾对婚礼仪式做过研究；布莱奥迪则关注公司会议。通常，办公室人员从来不会花太多时间去思考这个词的含义。但是，当布莱奥迪翻阅她在 Delta Two 谈判期间看到的"灾难性"的会议记录时，她意识到，这三个小组对"会议"本身的理解都有差异。来自德国吕塞尔海姆的欧宝团队认为这些会议应该很短，有明确的预设议程。由于大多数日常工作都是在会议之外进行的，所以他们认为这些聚会的唯一功能是做出具体的决定，而"我正在开会"这句话并不等同于"我正在工作"。此外，吕塞尔海姆小组认为，如果一定要在会议上做出的决定，就需要领导者来做；至少在他们心目中，存在着一个等级森严的权力结构。

然而，来自底特律地区的所谓小型汽车集团的工程师们认为，"开会"等同于"工作"。他们认为应该把大部分的工作时间花在会议上。这是因为底特律小组的工作预设与吕塞尔海姆小组的预设不同：会议是分享想法的适当场所。因此，底特律小组认为，会议的议程不应预先确定；相反，他们希望议程能随着信息的交流而不断发展。吕塞尔海姆有一个等级制度，由领导层主导，而底特律小组则认为决定应该是"大多数人喜欢的"，也就是说，必须得到大多数人的支持。

田纳西州的小组则有另一种心理和文化模式。与吕塞尔海姆的团队一样，田纳西州的工程师们希望会议简短，因为他们也认为大部分工作应该在其他地方完成；但与吕塞尔海姆不同的是，田纳西州团队认为会议的意义在于达成共识，而不是做出决定；他们不喜欢预先设定的议程。此外，他们讨厌由领导者因为等级高做出决定的想法。因此，春山市工厂制定了一项正式的规定，即只有当所有人都认为一个想法至少是 70% 正确时，才能做出决定。换句话说，"美国人"并不是一个单一的群体。

　　布莱奥迪继而研究了通用汽车其他三个分支的会议模式——通用巴西公司（汽车制造商在巴西的业务）、通用卡车集团（位于密歇根州庞蒂亚克的一个单位）和五十铃（一家日本汽车企业，与通用汽车达成了一项合资协议）。在那里，她看到了其他类似的情况。庞蒂亚克的通用卡车集团使用"个人授权"的模式来完成工作。巴西通用汽车公司使用"协作"，而五十铃公司使用单一的"权威声音"。五十铃的主要文化理想是"和谐"，巴西通用汽车公司则是"相互依存"，通用卡车集团则是"个人主义"。这些文化模式没有"对"或"错"，但它们是不同的。而这些差异往往不被注意，因为大家对会议的概念都如此熟悉。或者，换言之，大多数通用汽车的工程师和高管从未了解到，有时改善运营的最简单方法是退一步问：如果我从最底层员工的角度—— 而不是从高管的高大上角度来看待这个组织，会看到什么？空间是如何被用来强化社会和精神分裂的？换句话说，一个人类学家会看到什么？当然，前提是如果他或她被允许参会讨论，且领导层听得进去。

1999 年，布莱奥迪向 Delta Two 团队提交了她的研究结果。那时，这个项目很明显已陷入困境。事实上，不久之后，通用汽车的高级产品开发管理者得出结论，不能让三个不同的团队一起制造一辆座椅下面有共享系统的小型汽车，并叫停了这个项目。一些工程师把这个问题归咎于科学。但布莱奥迪试图概述关于会议的不同假设。起初，她的信息让大家感到震惊。然后，就几乎是一种解脱。

"高级工程师坐回椅子上，双手抱头，说：'我终于明白了！'"布莱奥迪后来回忆道，"他不断地说：'我以前只是不明白，但现在我明白了。'那真是一个豁然开朗的时刻。"这说明文化很重要。

第6章

"怪异"的西方人

为什么我们需要狗粮和日托

"不怪异很奇怪。"

——约翰·列侬（John Lenhon，英国著名音乐人）

2015 年春天，一家名为"坏保姆咨询公司"的高管梅格·金尼收到了一条来自洛杉矶一家数字策略公司的紧急信息，"有一个客户需要你的帮助"。

需要帮助的实体是位于佐治亚州的"报春花"幼儿园。从账面上看，该企业似乎成就巨大。它成立于 1983 年，为 6 周的婴儿至 5 岁的儿童提供托管看护服务，并在全美范围内有效建立起自己的业务，成为一个价值接近 10 亿美元的企业，旗下包括 400 个不同的托儿所和 11 500 名员工。高管们在运用数据和教育专业知识方面的水平令人印象深刻，因此取得成功。他们提供了一个专有的"平衡学习"计划，以发展研究为基础，结合著名的早教哲学家的最佳思想。他们还依靠经济模型来预测未来的供需，并以硅谷通常采用的方式，利用大数据来模拟趋势和潜在的受众特征。金尼在一份报告中指出："如果妈妈在楼上用 iPad 研究学前班的评级和评论，而爸爸在楼下开着电视机用手机查看足球比分，报春花能知道，并会向他俩推送一些建立认知的量身定制的内容。这不是你父母或祖父母时代的幼儿园。"

但是，报春花的高管们遇到了一个问题：KPI（关键绩效指标）很奇怪。关键问题是转化率很低。父母们浏览学校网站，参与互动，并访问学校的社交媒体页面。但在关键时刻——参观学校时，家长们并没有按照预测的比例报名，这似乎令人费解。品牌认知度似乎已经足够，潜在客户的咨询数量正在增加。产品没有改变，预测模型也没有改变，但显然有地方出了问题。尽管从父母的数据浏览中收集的大数据信息描述了他们的行为方式，但它并没有解释其原因。

金尼开始工作。她的战略咨询公司的名称是"坏保姆咨询公司",但这并不意味着她的业务和早教有特别联系。她主要与消费品公司和零售商合作,选择这个名字作为一个戏谑的品牌,是为了让人记住。但真正使该咨询公司与众不同的,是它的研究方法:它使用了民族学。金尼的大部分职业生涯都是作为广告业的客户规划师,为宝洁等公司管理客户。但后来她偶然发现了民族学和人类学中的思想,并接受了它们。这方面,她并不独特。人类学学科最早出现在19世纪,研究其他"奇怪"文化的仪式、符号、神话和艺术品,以及他们的机构制度和社会体系。在20世纪,一些人类学家——如通用汽车公司的布莱奥迪——也使用这些工具来观察西方机构的内部。然而,这些工具也可以阐释西方的消费文化,特别是如果你用外人的眼光来看待美国消费者眼中的"正常"。

20世纪50年代,人类学家霍勒斯·米纳(Horace Miner)在一篇具有里程碑意义的讽刺文章中做了这件事。该文章探讨了美国"Nacicema"部落(倒写的"American")人的"身体仪式"。米纳在他的文章中描述,假装一个人类学家,偶然发现了一个"北美人群,生活在加拿大的克里人、墨西哥的雅基人和塔拉胡马拉人以及安的列斯群岛的加勒比人和阿拉瓦克人之间",他们对人体表现出一种奇特的迷恋,每天早晚各进行一次仪式:面对一个有字体的神龛,使用他们的"圣人"在其幼时教的仪式性动作——类似于"牙医"从小教我们的刷牙方法。到了20世纪末，许多不同的营销和广告团体都接受了米纳的想法来看待消费者。有时会雇用受过人类学训练的人来从事这项工作。然而，非人类学家也接受民族志中的概念。这种趋势，让一些学术界人士感到不舒服；他们抱怨说，非学术性的研究是如此浅薄，以至于破坏了这门学科。然而，新的商业民族志学者（正确地）反驳道，这一趋势给学科带来了新的意义，给"田野工作"的概念方带来了一些意想不到的创新。

坏保姆小组是这种趋势的一个典型例子。在马林诺夫斯基和米德的时代，人类学家大多用肉眼观察人；面对面的观察是这门学科的一个特征。然而，金尼与哈尔·菲利普斯（Hal Phillips）合作，做了被称为视频民族志的内容，用摄像机拍摄一切，以便日后可以复习和再复习这些互动。这使研究人员能够使用另一种工具来观察通常看不见的东西——研究整个画面，以补充大数据。金尼解释说："每个商业问题都是关于人的问题，每个数据点的核心都是人的行为。"

金尼和菲利普斯为报春花学校启动了这一战略。他们首先在两地招募了十几个美国家庭，包括现在的和潜在的学生父母。这些父母的平均年龄为33岁，家庭年收入在5万美元以上。然后研究人员向每个家庭发送了"工作手册",其中提出了一些开放式的问题,例如,如果选择幼儿园是一项运动,父母会如何描述(有些人把它比作水肺潜水,因为他们有可能溺水)。有了这些问题,研究人员用摄像机跟踪了这些家庭在学校、商店、游戏区和家庭周围的日常活动。他们还带着家长参观了学校,并录下了他们在参观后进入汽车时的反应。

这些录像揭示了一个重要的问题,有助于解开学校的迷惑:对于家长和教师来说,儿童保育的概念有不同的"意义之网"。这其中涉及的问题在一定程度上是代际关系。学校的高层管理人员大多来自所谓的"X 世代",即 1975 年前出生的人,他们吸收了 20 世纪末美国的价值观。他们成长在一个专家受到尊重的时代,并且认为把孩子送到托儿所的做法是因为父母想要工作,想要给自己的幼儿寻找教育成果,例如学会阅读。

然而,生活在 21 世纪的父母,年龄在 25 岁到 45 岁,对早教持有不同的态度。"这些人恰好是美国有史以来受教育程度最高的人群,他们也恰好在一个工资持平、工作时间更长和背负校园债就业的时代,"金尼指出,"这个群体在所谓的'注意力经济'中处于为人父母的最前沿——这是一个注意力下降、压力增加、要求个性化的时代……这些年轻的父母在一个互联网至上的世界里养育孩子。"这些父母经常被称为"千禧一代",尽管金尼自己避免了这个标签。与他们的前辈相比,他们对育儿的道德冲突感要深得多:虽然他们使用托儿所是因为双方出于经济原因需要工作,但他们也知道,"政策制定者、企业和在职父母不断强调早教的关键作用"。这就造成了内疚和恐惧。对于早教的作用,他们与教师也有不同的看法:教师强调教育过程中的关键节点;家长们希望培养孩子的性格、好奇心、自我表达和抗压能力,使孩子们做好应对多样化的社会互动的准备。家长们对一个孩子将不得不与不同的人群和人工智能机器相处的不确定时代感到担忧。金尼指出:"文化上发生了一个从'我的孩子最棒'(如参赛即获奖)向'有韧性的孩子'的转变。适应性强是21世纪的一项技能。"

另一个不同之处是,家长们不盲从权威。例如,家长们并不假设科学家、教师、首席执行官或学校高管等"专家"总是最好的建议来源;相反,他们被社会科学家雷切尔·博特曼提出的"横向"或"分布式"信任所塑造,因为他们更重视来自同龄人的信息。这一点很重要,因为学校的营销资料对其"专家"大加赞赏,并采取了"一对多"的权威口吻。

坏保姆公司将他们的研究报告提交给了报春花学校的高层。高管们都很惊愕。学校品牌管理副总裁保罗·泰克斯顿告诉金尼："这是我们以前从未经历过的。"值得称赞的是，学校改变了策略：他们将品牌标语从"美国早期教育和儿童保育的领导者"改为"我们相信，孩子成为什么样的人和他们知道多少一样重要"。他们还改变了线上内容，淡化了统计数据、学术研究和专家建议，而是采用了更加平易近人的语气。"我们相信"这样的短语取替了"研究表明"；学校校长被鼓励放弃中规中矩的讲话稿，转而积极倾听。为了建立一种横向的社区意识，学校负责人还接受了人类学的另一个核心原则：仪式和象征。因为他们意识到，家长们决定安排孩子入学的一个重要考虑因素是为了加入一个社群。他们利用文化手段来强化这一点，发放"开学第一天"书包，并围绕着一个教大家友谊的"埃尔文狗"木偶举行仪式。

改变奏效了。在咨询结束后的一年里，入学率增长了4%，咨询量增加了18%，互动参与度增加了24%（以社交媒体为指标），而且该公司在公众认知度方面从第四位上升到了行业首位。这种改进并不算是一场革命，但它是一种进步。

为了理解为什么单靠大数据不能解释消费文化，我们可以看看哈佛大学进化生物学教授约瑟夫·亨里奇（Joseph

Henrich）关于西方人的"怪异"本质的一系列观点。亨里奇的职业生涯是从航空工程师开始的，然后转入人类学，研究文化、生物人类学和环境之间的相互作用（或物理和文化人类学的混合）。^①作为研究的一部分，他在智利的马普切人中做了大量的实地调查。然而，亨里奇的发现最终与其说揭示了马普切人本身的情况，倒不如是揭示了西方心理学专业的性质。这个专业在 20 世纪至 21 世纪茁壮成长，告诉了大家人类头脑的运作规律。但是，其中有个问题。亨里奇指出：心理学家通过研究他们最接近的对象——学生志愿者，创造了他们的许多理论，这些人通常是西方人，受过高等教育，并且年纪在十几岁或二十岁出头。因此，虽然心理学研究声称要提出普适的发现，但实际上它所显示的是受过西方教育的大脑如何工作。当亨里奇在马普切人身上做同样的实验时，他得到了不同的结果。

这些差异可分为几大类。第一个差异是大脑解决问题和吸收信息的方式，要么通过顺序推理（A 导致 B 导致 C）和

① 尽管生物人类学和文化人类学在 20 世纪初分化为不同的分支，但一些人类学家继续通过研究生物学和物理环境来分析文化，由于贾里德·戴蒙德的畅销书，如《枪炮、病菌和钢铁：人类社会的命运》，这种方法近年来变得越来越流行。亨里奇的研究也起到了类似的效果。进化生物学家罗宾·邓巴（Robin Dunbar）的研究也是如此，他研究的是大脑尺寸如何影响社会群体的结构和规模。

高度选择性的观察，要么从全局看待整个情况。前者与西方启蒙时代的思想有关，并通过阅读普遍存在的字母文字所强化，即西方学生（应该）整天都在做的。因此，当亨里奇向美国学生展示情景图片并要求他们解读这些图片时，学生们倾向于"锁定并追踪图片中注意力的中心，而忽略了背景和环境"。逻辑分析和一孔之见成了主旋律。然而，第二种全局性的方法经常出现在如马普切这样没有文字的文化中：他们使用"与背景相适应的全局关系来支持他们的选择"。当亨里奇在其他地方做类似的实验时，他注意到其他国家的人口分为两类，尽管是在一个谱系上（而且国家内部和国家之间一样有差异）。分析性思维在荷兰、芬兰、瑞典、爱尔兰、新西兰、德国、美国和英国更占优势。全局性思维在塞尔维亚、玻利维亚、菲律宾、多米尼加共和国、罗马尼亚和泰国更为普遍。第二个差异是身份。当亨里奇问人们"我是谁"时，他发现美国人和欧洲人倾向于用个人属性（如从事什么工作）来回答，而非西方人，如桑布鲁人、肯尼亚人或库克岛人，则将自己与家庭联系起来，谈论自己在亲属间和社区上的角色。他写道："专注于自己的属性和成就，而不是自己的角色和关系，这是心理学上的一个关键因素，我将其归纳为个人主义情结。"第三个差异是道德：当亨里奇问及为家庭成员撒谎或欺骗是否可以接受时，在西方社会，人们通常说不可以，因为他们认为道德和规则应该是普适的；然而，非西方群体往往说可以，因为他们认为规则可以根据背景而变化。亨里奇提到了一个出人意料的"自然"实验，关于纽约的停车罚单。直到2002年，驻联合国的外交官如果收到停车罚单，就享有豁免权。尽管在错误的地方停车不会受到惩罚，但"来自英国、瑞典、加拿大、澳大利亚和其他一些国家的外交官在此期间没有收到任何罚单"，因为他们遵守规则，虽然违反规则也不需要付出任何代价。但是，"来自埃及、乍得和保加利亚的外交官每人累计收到100多张罚单"；对他们来说，道德更取决于环境。

西方人对此的反应可能是批评非西方文化是"奇怪的"。但亨里奇认为，实际上是美国和欧洲社会的态度"奇怪"，因为"在人类历史的大部分时间里，人们都是在密集的家庭网络中长大的……在这些条条框框的关系世界中，人们的生存、身份、安全、婚姻和成功都取决于亲属关系网络的健康和繁荣"。西方社会是离群索居的，因为"人们倾向于高度个人主义、自我迷恋、喜欢掌控、不循规蹈矩的、分析性的……并将自己视为独特的存在……并喜欢有控制的感觉和自己做选择"。他将这些特征描述为"WEIRD"——西方

（West）、受教育（Educated）、个人主义（Individualistic）、富有（Rich）和民主（Democratic）。

如果你想了解消费者文化，这种区分很重要。WEIRD 文化倾向 ① 于认为个人是他们世界的中心；社会是个人的衍生品，而不是反过来。个人被认为对自己的命运和身份有选择权。事实上，在 21 世纪，这个概念已经扩展到一个过去无法想象的程度，因为数字技术促进了这样一种想法，即消费者可以按照他们的愿望来塑造他们周围的世界，定制音乐、食物、咖啡、媒体，或几乎任何东西。我们都生活在我们自己版本的电影《黑客帝国》中。我们可以称之为"C 世代"，即定制化的世代。

这给人留下的印象是，西方消费者是由个人选择驱动的，因此经常使用心理学和大数据的分析来分别显示人类大脑如何运作以及个人在网上做什么。但这儿有一个问题：尽管消费者认为他们的决定是由完全理性的、独立的选择所驱动的（WEIRD），但这很少是准确的。消费者使用从他们周围传过来的符号和仪式来定义他们的身份。他们被群体的立场和

---

① 我使用了"倾向"一词，因为需要强调的是，亨里奇的框架描述了所有社会中不同程度的行为模式，在一个谱系上。即使在 WEIRD 社会里，文化显然也有很大的差别，比如美国。

社会关系所塑造。他们在部分由他人创造的空间格局中生活。他们从环境中吸收的想法可能是非常矛盾和多层次的。然而，他们无论是对自己还是对他人可能都不会承认这一点，因为他们内心有一个 WEIRD 的假设，即问题可以或应该通过逻辑的、有顺序的思考和一孔之见来解决。因此，虽然现代消费文化产生于 WEIRD 价值观，但不能仅仅通过使用 WEIRD 的思维模式来理解它。西方消费者比他们自己意识到的更复杂、更矛盾。

玛氏（MARS），这个生产从巧克力到宠物食品的巨型公司，是一个非常了解消费文化中的矛盾的公司。该集团在公众中最具知名度的是其销售的糖果，如标志性的玛氏巧克力。但在 20 世纪 30 年代，它也开始销售宠物食品。这条业务线最初是温和增长的。但到了 20 世纪末，这一领域增长迅速。这反映了市场更广泛的增长，特别是在美国。在 1988 年，只有 56% 的美国家庭拥有猫狗，到 2012 年这一比例已跃升至 62%。1994 年美国人在宠物食品上花费 170 亿美元，到 2011 年这一数额上涨三倍，达到 530 亿美元。

2009 年，玛氏公司的高管们认为这个市场非常有吸引力，他们想扩大市场份额。但不清楚哪些营销信息可能是最有效的。毕竟，西方对于宠物食品问题的整个前提的认知是非常

奇怪的，或者说，如果你从更广泛的人类学角度来看，它是
非常奇怪的。直到 20 世纪，在西方，宠物通常只是用餐桌
上的剩菜来喂养（在世界许多地方仍然如此）。然而，到了
21 世纪初，美国养宠物者都已经确信，宠物需要特殊食物。
但不清楚的是：为什么？消费者如何判断宠物食品的好坏？
毕竟，用户本身——宠物——不会说话。

　　一位名叫玛丽安·麦凯布（Maryann McCabe）的人类学
家被要求进行一项研究。她是一位性情温和的女学者，善于
融入环境，她于 20 世纪 80 年代在纽约大学开始了她在学术
人类学领域的职业生涯，做了一项关于美国儿童性虐待、亲
属关系和法律的研究。但她后来进入了消费者研究领域，在
那里她学到了贝尔和安德森在英特尔学到的同样的教训：当
公司需要一些人类学的发现时，他们不希望通过学术人类学
家的研究方式（长期耐心地观察和对单一社区的研究，使用
充斥了跨文化比较和理论的分析框架）；相反，他们希望对
整个网络而不是单一社区进行短期研究。这让一些学者感到
不快。但它仍然是有启示性的，因为它提供了三维的微观分
析，是对大型统计数据集的一个很好的对立方法。

　　玛氏公司的高层为她的研究确定了两个地区：费城和纳
什维尔。麦凯布适当挑选了 12 个拥有宠物的家庭，并要求

他们创作照片日记和拼贴画，解释拥有宠物对他们的意义。这类似于雀巢公司的高管们曾经在日本为奇巧巧克力做的事情。一开始的目的是促使养宠物者间接地想一想他们的宠物。然后，麦凯布和一位人类学家同事在室内观察这些家庭和他们的宠物，并和他们一起去购物，购买宠物食品，鼓励他们想到什么就说什么，分享自己的感受。麦凯布有时会要求玛氏公司的营销团队陪同她，因为她认为她能提供的最有用的服务之一不仅是写报告，还有教高管们以不同的方式看待世界，或更像一个人类学家那样思考问题。

结果是惊人的。在观察了这些家庭之后，麦凯布发现他们并没有把他们的宠物仅仅看作动物，或者自然王国的样本。相反，"拥有宠物的人用亲人的方式谈论自己的宠物，"她在一份报告中指出，"受访者表示，他们的猫和狗'像血亲'，是家庭的成员。"对美国家庭来说，这种想象似乎很正常。然而，以全球历史和许多其他社会的标准来看，关于"血缘"和"家庭"的说法是很奇怪的。在人类学家研究过的大多数社会中，动物处于与人类不同的精神和文化范畴。当人类学家克劳德·列维·斯特劳斯（Claude Lévi-Strauss）在巴西进行研究时，他注意到人类经常将自己与动物对立来看。与他们不同的美国拉科塔原住民也认为动物是在人类或家庭的圈子之外。来自奥格拉拉苏族部落的两位资深学者指出："拉科塔族传统上不拥有动物……人们喂养这些狗并照顾它们，但这些狗仍然游离于外，可以自由地做自己。"因此，据亨里奇观察，在许多文化中，将宠物描述为人类家庭的一部分听起来是无稽之谈，特别是在大多数非 WEIRD 社会中，"亲属关系是社会关系的基础概念"，血缘亲属关系是被动天生的，而不是主动选择的。

然而，WEIRD 文化倾向于颂扬个人选择的概念，即使是在人们定义他们的家庭时。因此，在家庭中增加一条狗是这种消费者主体意识的延伸：人们决定根据他们的个人感受来重新定义"家庭"，而不是仅仅接受他们的"原生家庭"（狗本身也没有选择权，但这是另一码事）。为什么人类要通过在家里养一条狗来行使这种选择权？麦凯布认为原因是为了加强人与人之间的纽带。这听起来可能更加反常。然而，问题的关键是 WEIRD 价值观的另一个后果：正是因为家庭被视为人们主动选择维护（或不维护）的东西，重视家庭观念的西方消费者热衷于找到维护家庭的设备——尤其是因为他们觉得有其他因素在危及家庭，如虚拟世界带来的注意力分散（例如手机）。在这样一种文化中，没有人可以把家庭纽带完全视为理所当然，动物被用来加强这些纽带。

麦凯布说:"宠物成了沟通的媒介",他描述了父母和孩子如何带它们去狗公园,在万圣节打扮它们,无休止地谈论它们,分享傻傻的故事,并因此创造了共同的经历。或者,正如一位母亲所说的那样:"我们家没有一天不在讨论我们的宠物,比如它们有多可爱或者它们做的傻事。"宠物的感官特性加强了这种纽带,因为"当人类家庭成员在与猫狗玩耍和照顾它们的需要时听到、看到、触摸和闻到它们的气味,他们会变得更亲密,并留下回忆"。

这一发现对玛氏公司应该如何销售宠物食品产生了影响。在此之前,市场信息是在动物健康和科学的基础上产生的:人们认为动物的生物学特性对其主人来说是最重要的。但麦凯布建议公司最好把注意力放在围绕动物产生的人与人之间的关系上,而不仅是动物本身,或者是动物与人的联系上。玛氏公司的高管们听从了建议。他们的广告之前描绘的是一只孤独的动物,或一个人与他的宠物。但在 2008 年之后,他们改变了这些图片,以快乐的家庭与宠物玩耍,相互交谈,创造回忆和纽带为噱头。动物们被描绘得更加"人性化",有时甚至相互戏谑。重点放在了"家庭"动态,以及该"家庭"是由人们的选择所创建的感觉。在公司内部,玛氏高管之间也开始了一场新的对话,讨论宠物食品对消费者的意义。营销活动非常成功,美国人对他们的宠物食品的兴趣不断膨胀,到了令人吃惊的程度,到 2020 年,玛氏公司通过销售宠物食品获得的收入实际上超过了巧克力的收入。在 20 年前,很少有人能预测到这一点。但是,就像绿色的奇巧巧克力的故事一样,这也是文化中奇怪的不可预知的曲折的另一个例子。

麦凯布为一系列消费品公司做了类似的研究。她与另一位名叫蒂姆·马勒菲特(Tim Malefyt)的人类学家合作,在金宝汤委托的一个项目中,研究美国母亲如何看待食物准备。这个领域和宠物领域一样充满矛盾态度。在程式化访谈中,当被问及备餐时(面对有针对性的问题),母亲们将烹饪定义为一项苦差事。因此,金宝汤围绕着方便的概念为其产品做广告。然而,当麦凯布和马勒菲特重复了他们为玛氏所做的研究,但采用非结构化观察时,他们注意到,当母亲们谈到食物准备时,她们对自己的创造力表示自豪,并对吃饭所形成的社会关系感到高兴。食物,像宠物一样,被认为是人们可以用来主动创造家庭的工具。因此,21 世纪西方中产阶级文化的另一个特点是:消费者对厨房设计、健康食谱和"家庭烹饪"的推崇。所以麦凯布和马勒菲特建议,金宝汤应该产出推崇创造力的营销信息,而不仅仅是便利性的信息。

衣物清洁也是如此。在 20 世纪末和 21 世纪初，消费品公司试图通过强调洗衣粉清洗污垢的科学力量（或研发机构）来向消费者推销洗涤剂，这似乎是合乎逻辑的，因为当消费品公司进行调查时，使用关于洗衣的定向（或预先确定的）问题，这些问题通常显示，购物者认为这是一项"苦差事"——就像烹饪。但在 2011 年，宝洁这个消费者公司要求麦凯布研究洗衣仪式。当她用非程式化的问题与母亲们交谈时，她收到的信息与关于烹饪的情况相似。一方面，她得知"参与者认为洗衣服是一个无聊和重复的过程，永远不会结束"。但同时，许多女人不愿意让别人洗衣服。（应宝洁公司的要求，这项研究的重点是母亲，就像金宝汤项目一样。）"我讨厌洗衣服，但我不能忍受别人洗衣服"是一个常见的说法。麦凯布的结论是，洗衣是消费者可以选择的另一种加强家庭纽带的方式。麦凯布指出："艾米，三个学龄前儿童的母亲，谈到了肮脏的婴儿围嘴，并记得她六个月大的婴儿吐出了她试图喂她的绿色蔬菜泥，以及她另外两个孩子在后院做泥饼时穿的沾满污垢的衣服。当母亲们触摸、闻、听和看到脏衣服变干净的过程时，她们把过去、现在和未来联系起来。通过回忆脏衣服被穿着的社会场合，以及想象抽屉里装满了干净的衣服，以便塑造未来的感受，母亲们把自己放在了消磨时光的状态中。"因此麦凯布建议宝洁公司及其广告公司萨奇，他们应该尝试不仅从科学视角来销售他们的产品，而且要增加庆祝、维护和展示社会关系的元素。

到 21 世纪第二个十年末，麦凯布所做的这类分析已经变得多姿多彩。以至于当 EPIC——应用人类学的行业机构——举行年度会议时，门票在几小时内就被抢购一空。这种狂热与 10 年前形成了惊人的对比，部分反映了资金雄厚的科技公司，如英特尔、脸书、优步、亚马逊和谷歌，在数字领域接受民族学对用户的研究。然而，人类学家们也在观察消费者几乎一切的行为：他们研究了日本航空公司和美国波音公司，以了解残疾乘客如何体验飞行；他们探索了"美国女孩"这一玩偶品牌，以了解这些玩偶如何使女孩们变得更有力量；一位名叫格兰特·麦克拉肯（Grant McCracken）的人类学家观察了消费者如何观看奈飞（Netflix）电视（这导致他建议该公司在节目中谈论"盛宴"，而不是"狂欢"，因为这有更积极的节制含义）。有时候，人类学家只是写下关于他们看到的文化特征的报告。然而，也有些人试图改变他们客户的思维方式。例如，一位名叫西蒙·罗伯茨（Simon Roberts）的人类学家经营着一家名为 Stripe Partners 的咨询公司，他告诉公司高管，他们需要自己亲身体验参与式的观察。他认为，如果有人认为可以简单地用 WEIRD 的逻辑来理解客户的行为，这就犯了大错。因为"亲身体验"的身体、习惯和仪式也很重要。他说："在对消费者研究有极大影响的心理学中，大概思路是，我们想知道的大部分东西都在头脑中，我们只需要找到可以进入消费者头脑的方法。然而，'亲身体验'的知识是强大的。"为了向金霸王（电池公司）解释这一点，他坚持带高管们在靠近墨西哥边境的一个公园里露营，迫使他们体验露营者在野外如何使用电池。这种亲身体验促使金霸王公司调整了其广告。

然而，有一个消费者体验的领域被奇怪地忽略了，就是关于钱的。金融危机后，人类学家研究了人们如何与金融市场互动。但他们倾向于关注金融家有时描述为"批发"的金融，即在金融类公司，如银行或保险公司，或金融市场中发生的事情。英特尔公司的几位人类学家与研究了消费者的个体金融经验，而加利福尼亚大学欧文分校的教授比尔·毛雷尔则在比尔和梅琳达·盖茨基金会的资助下成立了一个研究机构，研究货币和金融技术。然而，值得注意的是，很少有银行、保险公司或资产管理公司对人类学感兴趣——这与科技和消费品行业形成鲜明对比。一个罕见的特例出现在丹麦，丹麦的咨询公司 ReD Associates 热衷于探索这个方向。该集团在 20、21 世纪之交后不久在丹麦出现，为乐高玩具公司做民族学和社会研究，据乐高前首席执行官约根·维格·克努德索普，ReD Associates 帮助他们"了解儿童的游戏，知道如何与儿童重新建立联系"。这些发现后来被克努德索普认为是帮助该公司复兴的关键因素。在此基础上，ReD Associates 的业务扩展到其他消费领域，如医疗保健、时尚和汽车，并为一家中等规模的斯堪的纳维亚金融集团 Danica 做了一个关于消费者态度的项目。

ReD Associates 的研究人员不是一般意义上的学术性人类学家。其中一位叫米克尔·拉斯穆森（Mikkel Rasmussen）的经济学家曾为丹麦政府工作，创建了复杂的宏观经济模型。另一位，马丁·格罗内曼（Martin Gronemann）是一位政治科学家。他们和金尼一样，当他们意识到忽视背景而使用分析工具的局限性时，在职业生涯的后期转向人类学，开始接受文化背景分析。例如，拉斯穆森爱上了民族学是因为他为丹麦政府开发的宏观经济模型似乎排除了许多重要的变量，如社会背景。他和格罗内曼不太理解为何很少有人类学家试图从消费者的角度来看待金钱，所以他们决定发起一项研究。结果显示，这是 WEIRD 西方文化中最奇怪的一方面。

2016 年初，琳达，一位 54 岁的活动顾问坐在一张桌子

前，把 14 张独立的信用卡摊开在桌子上。她解释说，这些是
她在日常生活中用来购物和金钱来往的工具。但这并不是一
切：她略带尴尬地解释道，自己还拥有现金、几笔抵押贷款、
半打保险单和许多笔存款。

在桌子对面，ReD 研究小组在倾听。他们花了几周时间
在德国、英国和美国的家庭中走访，与人们谈论银行、保险
公司和养老金，并观察资金进出。从理论上讲，这些应该是
简单的交流。正如流行的口号所声称的那样，金钱"使世界
运转"，而西方经济学往往假设人类是受利润最大化驱动的
自我利益动物。在金融模型中，人们的动机和行动是如此一
致，以至于可以用牛顿物理学的框架来预测。它还假定货币
是可替换的，这就是为什么它是一种价值储存和交换媒介。

然而，与格罗内曼和拉斯穆森交谈过的消费者的行为并
不和金钱的定义那样一致。部分关于钱的对话是轻松的：比
如消费者很乐意解释他们如何使用手机支付商品，还列举了
技术的便利性。然而，当讨论到储蓄、保险或贷款和投资产
品时，就会出现不解、沉默或尴尬的情况。据格罗内曼所观
察："对很多西方人来说，谈论性比谈论钱更容易，大家都不
愿意谈论钱。"为什么？一个问题是道德悖论：美国人和欧洲
人不断被告知，他们应该努力获得金钱；然而，大多数宗教

和西方文化声称人们不应该被"爱钱"所驱使，因为它是"万恶之源"——基督教的标签。但另一个问题是认知偏差。西方的消费者知道，金钱应该和其他东西一样，被理性、一致地看待，才符合 WEIRD 的原则，但这与他们实际生活方式不符。相反，拉斯穆森和格罗内曼观察到的家庭积累了许多信用卡，几乎不使用；有退休账户，却将其忘记了；执着地跟踪和控制一部分钱，却忽略了其他的钱。格罗内曼说："经常发生的情况是，人们会花大量的时间和我们谈论他们财务的一小部分，比如他们做的一些可持续的投资，或者他们的信用卡或房子。但后来他们完全忘记了提及他们整体资产状况中更重要的东西，如退休账户。"或如受访的 68 岁天体物理学家克里斯蒂安所说："我可能擅长核物理和原子物理，但我根本不懂我的退休金。"

为什么呢？一种解释可能是在每人的大脑中（心理学），正如心理学家丹尼尔·卡尼曼（Daniel Kahneman）所表明的那样，人类的大脑有影响我们对金钱看法的偏见：比如说，我们对金融损失的记忆比对收益的记忆要多，或者有不同的决策模式，要么受"快速"冲动驱动，要么受"缓慢"推理驱动。这些心理学发现衍生了行为金融和经济学。然而，拉斯穆森和格罗内曼感兴趣的不仅仅是心理学：他们想探索一

群人围绕金钱所构建的文化意义网。在听取了消费者的意见
后，他们认为，（西方）文化框架的一个关键点是，大多数
消费者并不把钱看作一个单一的"东西"。西方经济学家倾
向于假定金钱是可替代的；这是任何经济模型的核心。然而，
人类学家已经介绍了许多不同社会的不同货币象征和交换类
别。当拉斯穆森和格罗内曼回顾他们的现场笔记时，他们意
识到受访者在想象 21 世纪的金钱时，使用了一种分区化的
思维。为了描述这种区分方式，ReD 团队借用了卡尼曼的
"快"和"慢"标签。

消费者认为的快钱是用于日常支付的钱。消费者在谈论
这些钱的时候没有任何秘密或羞耻感，因为他们认为这是他
们可以控制的东西，并且对任何可以强化控制和效率的东西
都感到兴奋。德国安妮塔在慕尼黑担任一家出版公司的律师，
是两个孩子的母亲，今年45岁。她表示："我的活期账户就
像电一样，它就是从电源插座里出来的。我希望我的钱在我
需要的时候从机器里出来，就是这样。"然而，其他的钱是
"慢钱"，或被用作价值储存的钱。围绕这些钱的态度是不同
的：消费者往往忽视慢钱，或采取鸵鸟政策，甚至感到恐惧。
来自伦敦的爱丽丝今年28岁，是一个高级保健经理，年收入
为 8 万英镑；她就是一个典型的例子。格罗内曼在报告中写

道："她发现晚上外出很容易花光信用卡上的钱，然而却每个月都一丝不苟地把钱转给她的父母保管。"她把自己的养老金看作一个"备份"方案，却并不信任这个方案——但她认为自己的房子是一个可靠的财富储备，尽管几年前房价出现过动荡。"对爱丽丝来说，她的房贷是有用的、生产性的债务，但她的信贷是疏忽的、放纵的债务。"

拉斯穆森和格罗内曼认为，这一发现对公共政策有更广泛的影响。因为许多消费者很难谈论"慢"钱，他们无法判断自己是否在有效使用金融服务，同时很容易被利用。2008年的金融危机体现了这种风险。然而，这种现象对金融本身也有影响。如果金融公司排斥"慢"钱，就不可能赢得客户的喜爱。更糟糕的是，这个行业本身是非常分散的：不同的公司给消费者提供不同的产品，同一机构中的不同部门也同时为消费者服务。这恰恰强化了"快慢"分明的现象。一些公司在使用技术方面倾注了巨大的努力，以提供灵活的"快"钱产品，但消费者却以不同的方式处理"慢"钱。

这个现象能改变吗？曾与 ReD 合作的人寿保险和养老金集团 Danica 决定进行尝试。直到 2013 年，公司高管们还没有投入很多时间来研究其消费者。Danica 的业务发展主管约翰·格洛特鲁普（John Glottrup）解释道："对于企业来说，在所有的消费者业务上，可能只有对于寿险和养老金业务，我们才会只看到保险单，而似乎完全没有意识到消费者的存在。这是为什么？因为我们今天的销售只有在 5 到 10 年后才会显示在账面上，而当前的惯性足以使得（任何改动都）可能会出错。从事这行的几乎都接受过数字使用培训，因为他们是精算师和经济学家。"因此，他补充说，有一个"塑造了我们行业的核心信念…… 养老金、人寿保险产品，对消费者来说兴趣不大——没人在乎—— 所以你在他们的一生中也许会与消费者交谈一两次，然后最好不要打扰他们"。换句话说，人寿保险被视为与文化无关，尽管对某人的寿命进行财务打赌的行为实际上植根于独特的西方文化理念，在其他文化眼中看起来很奇怪（通过模型来预测一个人的寿命是可能的，且对此打赌是道德上可接受的）。

寿险和养老金高管们经常忽视消费者的另一个原因是：当他们确实问他们的客户，是什么影响了他们的购买决定的时候，他们得到的回复是如此奇怪，以致与 WEIRD 逻辑完全不符。格洛特鲁普说："当我们问消费者，他们选择保险产品时，什么对他们来说是最重要的，人们会给我们标准答案：成本、预期回报、服务、销售代表友好等，以及所有这些"，"但当我们提第二个问题——你去年支付了多少保险费，你的回报是什么,你最后一次真正使用我们的服务是什么时候,人们头脑空白,他们给不出答案,所以这些东西根本不可能是原因"。

ReD 团队建议 Danica 的高管们尝试一种实验:承认消费者将养老金视为"慢"钱,也就是说,放在一个引发恐惧和困惑的类别中,然后寻找方法使这种"慢"钱看起来更有吸引力。这意味着给客户提供与"快"钱相关的功能:实时透明、可控和有选择。因此,Danica 创建了一个"红绿灯"应用,消费者可以通过下载的应用,在自己的电子设备上实时监控他们的"慢"钱投资。然后,与之前的做法相反,公司联系了客户们,要求他们激活该应用,并谈论目标。格洛特鲁普说,这一创新提高了消费者的留存率,也改变了公司内部的态度。不,精算师们并没有放弃他们心爱的模型和大数据集。但是,他们意识到,大数据和宏观层面的统计数据可以与微观层面的文化观察一起,得到更有效的解读。这与卫生官员在应对埃博拉疫情时学到的教训相同,也与"坏保姆"团队向报春花学校高管强调的教训相同:将计算机、医学和社会科学结合应用,可以产生最好的效果。这适用于任何地方,无论是"熟悉的"还是"陌生的"。

第三部分
倾听社会沉默的声音

我们生活在一个噪声不断的世界中。人类学的力量在于，它可以帮助我们倾听社会沉默的声音；最重要的是，可以看到隐藏在众人视线外的东西。要倾听到这些声音，就需要运用民族学中关于作为"局内人"和"局外人"的方法，并借用诸如习惯、互惠、制造感觉和横向视野等思想。当我们采用这种分析框架时，就会获得一个完全不同的视角：无论是面对政治、经济、技术，还是面对"什么能使公司有效运作"这一无聊的问题，抑或是"可持续发展"这一运动的惊人崛起。

第 7 章

"大大的"

我们错过了关于特朗普和年轻人的哪些方面

"最成功的意识形态效果是那些不需要言语的效果，只要求同谋的沉默。"

——皮埃尔·布迪厄（Pierre Bourdieu，法国人类学家）

2014 年 1 月的某一天，在高海拔的瑞士达沃斯小镇，一家酒店餐厅里的气氛十分热烈。自 2008 年金融危机所引发的最严重恐慌以来，5 年过去了，而自从我在世界经济论坛上做出"信贷衍生工具的危险性已迫在眉睫"的报告以来，则已经过去了 7 年。金融"冰山"中被淹没的部分——所有这些 CDO、CDS 和其他新奇的金融创新产品——所带来的危险对所有人来说都已很清楚。这些产品终于有了一个大名——影子银行，继而被推上报纸头版，供人们想象和讨论。从 2009 年开始，监管机构进行了改革，管控金融系统更的风险。在每年 1 月举行的世界经济论坛年会——全球商业、金融和政治领袖的精英聚会——达沃斯经济论谈，关于影子银行的讨论一直没有停止。

2014 年 1 月，世界经济论坛的讨论主题发生了变化。可以看到，金融话题正被从议程上移开。这并非因为金融体系已经完全"修复"；巨大的问题仍然潜伏着，特别是关于影子银行的部分。但金融界已经开始康复，全球经济正在复苏。人们开始厌倦讨论这些 CDO，包括我。其他主题似乎更令人兴奋，比如脸书、谷歌和亚马逊等公司出现的科技创新。我渴望拓宽视角。

2014 年 1 月初，在我去达沃斯之前，伦敦政经学院院长克雷格·卡尔霍恩（Craig Calhoun）（他本人也是一位人类学家）在给我的一封电子邮件中向我建议："我想到，我应该确保你认识丹娜·博伊德（Danah Boyd，原文如此）。"他解释说，博伊德一直在做由微软赞助的关于社交媒体和大数据的研究，其中借鉴了人类学方面的训练；卡尔霍恩希望我们能见面，因为他认为博伊德对科技的态度与我在华尔街和伦敦金融城的经验相吻合。

我很感兴趣。我去参加了在达沃斯多夫火车站附近一家破旧但价格高得离谱的瑞士酒店举行的晚宴。博伊德和其他科技公司的代表一起在讲台上。和我曾经共同学习的学术人类学家一样，她看起来非常邋遢，一头卷发从一顶奇怪的毛茸茸的帽子里探出头来，穿着大靴子。我后来知道，她坚持用小写字母写她的名字，以抗议不必要的西方文化规范；像许多人类学家一样，她本能地反体制和反传统。但她的标牌介绍她为达沃斯的精英之一：所谓的"全球青年领袖"。她经常为这个矛盾而烦恼。

"我一直在做关于青少年和他们的手机的研究。"她告诉众人，当时他们围坐在桌旁，桌上铺着硬质的白色亚麻桌布，瓷盘里放着瑞士大肉块和土豆。我顿时兴奋起来。我女儿再过几年就要进入青春期了，而我已经读过多篇关于手机可能会让人上瘾和造成伤害的文章。作家尼古拉斯·卡尔（Nicholas Carr）写过一本畅销书，书中警告说："互联网的设计就是为了破坏耐心和注意力。当大脑受到过量的刺激时，就像我们盯着连接网络的电脑屏幕时，注意力就会分散，思维就会变得肤浅，记忆就会受到影响。我们变得不善于思考，更加冲动。我认为，互联网非但没有提高智力，反而使之退化。"谷歌的前工程师特里斯坦·哈里斯（Tristan Harris）甚至更加尖刻。他后来愤怒地解释说，科技公司的工程师们故意使用"劝说"技术来设计游戏和应用程序，尽可能地令使用者上瘾，通常以儿童和青少年为目标。他告诉英国《金融时报》："手机和应用程序所做的是创造一个钩子，从你醒来的那一刻到你入睡的那一刻，直接进入你的大脑。"作为谷歌的工程师，他曾帮助创造这些产品，现在他想揭露并阻止这些产品。

那么，作为家长，或政策制定者，如何才能解决这个问题？博伊德的回答与我想象的不一样。她一开始就告诉大家，她在过去的几年里走遍美国，对青少年如何使用手机进行民族学研究。这与人类学家为科技公司和消费者团体所做的工作一样，有别于马林诺夫斯基或博厄斯所开展的那种人类学，因为博伊德并没有把自己放在一个单一的领域中。相反，她与不同地点的多名青少年进行了交流。这种转变是世界变化的必然结果。在马林诺夫斯基的年代，坐在一个岛上是有意义的。在一个由网络空间塑造的时代，坐在一个岛屿上，或者只在一个物理地点，就没有什么意义了。因此，像博伊德这样的人类学家越来越多地研究社会网络，与不同地方的人交谈，他们不是在一个单一的物理社区，但仍相互联结。博伊德曾花了几个小时与青少年坐在他们的卧室或家里，听他们聊自己的手机，看他们用手机。她在青少年的活动中观察他们，如高中足球比赛，并与他们一起去商场闲逛。她的想法是，与"惯例"一样，问一些非程式化的问题，观察一切她能观察到的东西，并思考更多的东西，而不只是普通简单的手机。

当博伊德坐在青少年的卧室里时，她意识到美国中产阶级家庭的青少年对时间和空间有着惊人的态度。佛罗里达州中产阶级郊区一个叫玛雅的青少年是个典型。她告诉博伊德："通常我妈妈会给我安排一些事情来做。因此我对星期五晚上做什么真的没有选择。"玛雅列出了她的课外活动：田径、捷克语课、管弦乐队和在托儿所工作。她还说："我已经很久没有过一个自由的周末了。我甚至不记得上一次我可以选择周末活动是什么时候的事了。"来自堪萨斯州的 16 岁白人尼古拉斯也有同感：他说自己不被允许与朋友交往，因为他的父母把他的日程安排得满满的。住在奥斯汀郊区的 15 岁混血儿乔丹说，出于对危险陌生人的担心，她几乎不被允许走出家门。她解释说："我妈妈来自墨西哥，她认为我会被绑架。"西雅图 15 岁的白人娜塔莉告诉博伊德，她的父母不允许她去任何地方。来自西雅图的 16 岁白人艾米说："我妈妈经常不让我出门，所以我几乎只（能）做这些事……和别人聊天、发短信，因为我妈妈总有一些疯狂的理由让我待在家里。"父母们的表态证实了这一点。奥斯汀的一位家长恩里克说："底线是，我们生活在一个充满恐惧的社会中……作为家长，我承认我极大地保护了我的女儿，不会让我的女儿去我看不到的地方。我是不是保护过度了？也许吧，但这是事实。我们让她忙着，但不会让她感到压抑。"

父母和青少年都认为这些控制是如此的正常，以至于他们几乎不对其发表任何意见——除非被问到。但博伊德知道，美国的前几代青少年们，能够与朋友们聚会，撞见熟人，步行走出家门。在 20 世纪 80 年代的费城，当博伊德还是一个青少年，她和其他青少年一起在当地的购物中心玩耍。现在，商场的经营者和家长都禁止这样做。如果青少年试图在其他公共场所，如公园或街角，成群结队地聚集在一起，他们会被排斥。这与更早期形成了鲜明的对比：在 20 世纪中期，青少年步行或骑自行车去学校，在田野里聚集，参加"袜子跳"（穿着袜子跳舞），在镇上漫步，穿梭在不同的打工场所，或者简单地在街角或田野里聚集，都是正常的。博伊德指出："1969 年，从幼儿园到八年级的所有儿童中有 48% 步行或骑

自行车上学,12% 的人是由家人开车接送的。""到了 2009 年,
这些数字发生了逆转:13% 的人步行或骑自行车,而 45% 的
人被开车接送。"博伊德并没有对这些新限制做任何道德判
断(尽管她确实注意到,没有什么证据表明近年来自陌生人
的危险在增加)。但她在达沃斯晚宴上说,如果你想了解青
少年使用手机的原因,仅仅看手机或网络空间是不够的。但
父母和政策制定者讨论这个议题,以及工程师们在设计手机
时确实只考虑手机或网络空间。对他们来说,手机外的实际
生活世界似乎没有手机内发生的事情重要。

虽然父母、政策制定者和技术人员都忽视了这些现实世
界的、物理的、非手机的问题,但它们却很重要。原因是,
对实际世界的控制使网上的"漫游"变得更有吸引力;网络
空间正成为青少年可以探索、游荡、与朋友和熟人大群聚集
的唯一地方,实现他们在现实世界中一直想要的自由。事实
上,此处几乎是唯一青少年可以在没有"直升机"父母时刻
监视他们,或需要安排进繁忙的日程表中的情况下,突破界
限,测试极限,重塑自己的身份。

这并没有免除科技公司在网络成瘾方面的责任:博伊德
知道,聪明的工程师正在使用"说服"技术,使应用程序吸
引人们的大脑。但这确实意味着,如果父母(或其他任何人)

想了解为什么青少年对他们的手机上瘾，就必须承认这些物理控制。大多数人把网络空间当作一个没有实体的地方，因此他们忽视了物理世界。这就像2007年之前忽视金融业的衍生品一样，是一个错误。我心想这就像金融"冰山"一样。

我带着两个承诺离开达沃斯。一是确保我自己的孩子有足够的机会在世界范围内四处遨游。二是不断提醒自己要考虑盲点。我必须倾听所有领域的社会沉默，就像我对金融界做的那样。人们很容易忘记这样做，而我也不例外：媒体，就像现代生活的大部分一样，是一个充斥噪声的地方，由记者和其他人所创造。在获取"故事"和追踪他人谈论的内容方面，存在着如此激烈的竞争，以至于倾听沉默似乎是一种自我放纵。然而，如果说我通过信贷衍生工具的研究学到了什么，那就是当记者专注于沉默，而不仅仅是噪声时，整个媒体就将处于自己最棒的状态；特别是在一个政治家越来越"喧闹"的时代。

两年半后，2016年9月26日晚，我在纽约《金融时报》办公室的新闻桌前。美国总统大选如火如荼，新闻部桌上的显示器显示着特朗普和希拉里的第一次正式电视辩论。辩论进行到一半时，特朗普使用了一个奇怪的词：bigly（"大大的"）。新闻部爆发出了笑声。我也笑了起来。特朗普后来坚称他说的是 big league"大规模"，而不是 bigly"大大的"，是被听错了。无论如何，这个词听起来很奇怪；它不在记者的常规词汇中，也不是总统应该使用的那种"适当"的英语。

但当我听到自己的笑声时，我的脑海中闪现出一个思绪：我是不是又忘记了我的训练？毕竟，笑声从来都不是中性的或无关紧要的，或者对人类学家来说不是。我们倾向于忽略它，因为它似乎只是社会互动中不可避免的一部分或心理安全阀。但笑声无意中定义了社会群体，因为你必须有一个共同的文化基础才能"理解"一个笑话。局内人本能地知道什么时候该笑；局外人则不"懂"。这种欢笑还能发挥其他作用：它帮助社会群体至少部分解决他们日常生活中的众多模糊性和矛盾性。正如另一位人类学家丹尼尔·苏莱尔斯（Daniel Souleles）的工作所展示的那样，这在过去和现在都很重要。2012 年至 2014 年，苏莱尔斯研究了华尔街的私募股权行业，采用了与我研究债务担保凭证相同的方法：参加银行会议，然后对他看到的程式和象征主义进行解读。尤其吸引他注意的，是私募股权高管们经常进行仪式般的大笑。他开始研究这些笑话，与列维·斯特劳斯（Lévi-Strauss）在收集亚马孙丛林部落的神话时一样，充满了对细节的贪婪关注和奇妙感。正如苏莱尔斯后来在一篇具有吸引力标题《不要把 Paxil、

Viagra 和 Xanax^①混在一起：金融家的笑话对不平等的影响》的文章中写道，这些笑话绝非中性的或无关紧要的。

金融家们在会议中讲笑话，加深了人们对交易员群体都是精英的感觉。这也有助于金融家们处理其领域本质的潜在矛盾。到 2012 年，在金融危机之后，私募股权高管们知道他们受到了来自政治家和社会活动家的攻击。他们热衷于自救，并编造了一套强有力的说辞（或叙事），声称私募股权投资使美国经济更加高效和充满活力。然而，就像我 2005 年在里维埃拉看到的由衍生品交易商炮制的创造神话一样，私募股权的说辞中包含了大量金融家们不愿提及的矛盾。开内部玩笑是围绕着共同的矛盾感而建立联系的一种方式。

新闻记者们也以这种方式讲笑话。当他们嘲笑特朗普使用"bigly"这个词时，他们这样做是因为他们轻蔑地认为，特朗普似乎（错误地）使用词汇，表明他不适合担任公职。这种公然的不喜欢和有意的蔑视是可见的"噪声"。不过，"大大的"这一词听起来如此有趣的原因还在于它处在一个社会"沉默"的领域，而媒体中很少有人愿意承认这点。大多数记者想当然地认为，要制定公共生活的议程，你需要"正

---

① 分别是抗抑郁、壮阳和缓解焦虑的药。

确地"说话，使用通常灌输给受教育的人的词汇和短语。在美国，掌握语言是为数不多的可被公众接受的精英主义和势利的形式之一，因其间接体现了个人教育成就。这种假设每天都在公共领域得到加强，因为控制电视屏幕、报纸、广播节目和许多其他影响领域的人都是通过语言表达能力来实现的。掌握语言和教育被视为获得权力的先决条件；反之，不掌握语言，就会被排除在外。

但在美国，并不是每个人都觉得自己掌握了语言表达能力，更不用说金钱或权力。大多数人都没有。这造成了一种认知上的分裂，而精英们往往只是模糊地意识到这一点。我也是通过自己的一个错误，历经曲折才意识到这一点。2016年夏天，我曾表示英国的脱欧投票是错误的：因为我个人讨厌离开欧盟的想法（部分原因是我自己被包裹在全球化和归属欧洲的感觉中），我推己及人地错误认为，英国公众会投票留在欧盟，后来的结果令我震惊。经过反思，我决定在美国的大选表现得好一些。因此，在随后几个月里，我努力倾听尽可能多的美国人的意见，以尽可能开放的心态，听他们说什么和不说什么。这种方法让我相信，在美国，希拉里遭受的敌意，比人们所认识到的程度要大得多，许多人渴望颠覆，并格外愿意为实现这种颠覆而承担风险。

这也让我相信了另一件事：受过教育的精英（如记者）看待特朗普的方式依赖于一种与许多选民不同的文化框架和认知。记者萨莱娜·齐托（Salena Zito）随口说的一句话描述了这一差异：精英们对特朗普"只看字面，不看本质"，而他的许多选民却反其道而行之——只看本质，不看字面。或者使用我在上一章中引用的亨里奇概述的框架，围绕WEIRD文化：美国的"受教育"群体是通过WEIRD教育教给人们的那种顺序逻辑来解释特朗普的话，即单向推理，因此认为特朗普的言论没有"逻辑"。但是，正如亨里奇一直强调的那样，WEIRD思维是在一个谱系上运作的，即使在美国这样一个WEIRD国家，也有各种不同的情况。我意识到，一些选民并没有使用这种单向的推理和逻辑，而是对特朗普及其品牌的整体愿景做出反应。像我这样的人可能会嘲笑"bigly"这个词，因为它不是一个逻辑句子的一部分；其他人只把它看作他不是精英的标志，并因此而欢呼。

像格尔茨这样的人类学家可能会倡导另一种方法来框定正在发生的事情：考虑表现、符号和仪式。在特朗普的总统竞选初期，一个叫约书亚（Joshua）的朋友告诉我，他在纽约州北部和北卡罗来纳州的一个贫困农村地区长大，"如果你真的想了解特朗普，你应该去看一场摔跤比赛"。他解释说，原因是虽然中产阶级的观众主要通过《学徒》等节目了解特朗普，但工人阶级的观众或许更因为摔跤比赛而对他的品牌熟悉。这是因为特朗普投资了世界摔跤娱乐公司（WWE），而摔跤在美国工人阶级中大受欢迎，而精英们则基本上不看。社会活动家娜奥米·克莱因（Naomi Klein）指出："对于大多数自由派选民来说，职业摔跤可能在很大程度上是一种看不见的文化力量，但世界摔跤娱乐公司的年收入接近 10 亿美元。"

我去曼哈顿中城看了一场比赛，我被这场比赛与特朗普的选举集会和竞选活动之间的相似之处所震惊。这并不是偶然。克莱因还指出，摔跤比赛是由一种明确界定的仪式感驱动的。参赛者被赋予如 Lil John 的绰号，他们表现出过度的侵略性，以激起观众的兴趣，故意夸夸其谈，制造冲突。观众对此欢呼雀跃，虽然他们清楚地知道，这些戏剧化的表现都是人为的。不管是有意而为还是本能之举，特朗普在自己 2016 年的竞选活动中使用了很多相同的表演模式。①他的支

---

① 值得指出的是，人类学家在其他文化中广泛研究这种带有表演信号的仪式性戏剧。最有名的例子之一是克利福德·格尔茨对巴厘岛斗鸡的研究，他强调了"深度游戏"的作用。然而，正如埃德·利博所指出的，格尔茨的"深度游戏"意识将戏剧表演与"真实"生活部分分开，而特朗普使用"摔跤式"表演信号在一段时间内压倒了现实世界的美国政治。

持者们在政治舞台上的表现就好像他们还在参加摔跤比赛一样；通过象征表达和演讲，摔跤的表演风格被移植到了政治运动中。或者，正如克莱因所观察到的，"他精心准备的与其他候选人的争斗，就是职业摔跤的精髓……"。

这意味着两个重要的事实。第一，特朗普的支持者们并没有把他的言行当作字面的政策文件，而是把它们当作表演性的信号。这与"受过教育的"精英们的解释不同；因此，齐托指出了"字面"和"本质"的区别。第二，大多数精英无法看到这种深刻的认知分裂。这部分原因是他们没看过那么多的摔跤比赛，所以没有能力发现这些相似之处。但这也是由于那讨厌的文字问题。受过教育的人认为，教育应该框定人们说话和思考的方式，并定义什么是有价值的，这是理所当然的，他们甚至没有注意到其他的思维模式，也没有考虑到它们的重要性。完全被 WEIRD 思维模式和假设所支配的人，往往会忽视其他的心理模式。除非你坐在摔跤场上，与观众们全身心感受观看摔跤的体验，否则——用人类学家罗伯茨的说法——你很难体会到认知上的差距。我在 2016 年 10 月大选前的一篇专栏文章中感叹媒体如何误读特朗普的选民，指出："记者、社会科学家、作家和任何以研究他人为生的人都需要记住一个教训：我们都是自己文化环境的创造者，容易产生简化的假设和偏见。"

我认为，唯一的解决办法是让媒体从人类学那里"学一招"，反思该领域为何有时被称为"脏镜头"，即记者并不像培养皿上的显微镜——中立、一致的观察工具。相反，他们的精神镜头上存有偏见。我认为，这意味着，记者需要采取四个步骤："第一，认识到我们的镜头很脏。第二，有意识地注意我们的偏见。第三，尝试从不同的角度看世界，来抵消这些偏见……第四也是最重要的，记住我们的个人镜头永远都不会一干二净，即使我们采取了前三个步骤。"我们和我自己不应该笑，而是需要倾听社会的沉默。

无论是过去还是现在，都很容易忘记这个关于脏镜头的教训，我通过自己在智识旅程中所犯的错误深有体会。2016年初夏，我误读了英国脱欧的投票。虽然那年晚些时候我比许多其他记者更认真地对待特朗普的竞选（写了一些关于选举的专栏文章，结果证明是有先见之明的），但那年秋天，当我听到他说出"大大的"字眼时，我还是本能地在新闻部笑了起来。我也是我自己环境中的一个生物。同样，虽然我可能已经发现了2005年和2006年金融界的社会沉默，但我可能对其他类型的沉默非常盲目。技术是一个典型的例子。在我第一次在达沃斯遇到博伊德的一年后，我去了她与社会科学家伙伴在曼哈顿中城创建的一个名为"数据与社会"的智库——由她曾工作的微软等科技公司资助,通过人类学的视角研究数字经济。我们讨论了青少年和他们的手机。她的一位同事问我,我是否曾经试图在自己的脑海中画出互联网如何运作的草图。我回答没有。如果叫我想象网络空间,我脑子里会形成一朵模糊的巨大的云或一系列在空中呼啸而过的像素,莫名其妙地落在我周围的塑料设备上。我不知道这些连接是如何工作的,尽管我的日常生活的几乎每一个方面都依赖于互联网。于是博伊德的同事之一,艺术家和社会科学家英格丽·伯林顿(Ingrid Burrington)给我看了一个他们创建的模型,以解释使互联网工作的三个"层":"表面"层(这是大多数用户唯一关心或看到的部分),由应用程序等数字功能组成;中间层是网络,使机器能够相互交谈;然后是底层的路由器、电缆和卫星,在一个完全物理意义上连接所谓的非实体网络。我甚至不知道这个底层存在于哪里。

他告诉我:"在纽约,它就在你身边!"人行道上画着符号,显示出连接互联网的电缆的位置。我每天都从这些人行道上走过,但以前根本就没有注意到这些符号;我的大脑被训练得屏蔽了它们。像所有在 WEIRD 世界中长大的人一样,我从小就以高度选择性的方式看待我的环境,而不是以全局的方式，并且认为这很正常，以至于我没有注意到我的视线是多么的支离破碎。

为了应对这种情况，伯林顿为纽约出版了一本所谓的《城市互联网基础设施实地指南插图》，向读者展示了如何在曼哈顿看到这些半隐藏的网络，并解释他们通常忽略的符号就在他们的鼻子下、在街道上。她强调，这不是一本地图集，而是一个工具，"帮助人们制作他们自己的地图"，了解他们通常忽视的东西。她还在纽约和芝加哥等城市安排了徒步旅行，不仅向人们解释了互联网的工作原理，而且还改变了他们看待世界的方式。"每当我们开始谈论技术、计算和网络时，我们实际上只是在谈论权力，"她解释说，"当这些东西保持不透明时，精英们就更容易保留权力，许多人假设世界就是如此的。"

为了理解这一点，下次你走在西方城市的大街上的时候，试着在人行道上自己往下看看。你几乎肯定会发现那里有一些你以前从未注意过的奇怪符号。这每天都在提醒我们，对于塑造我们生活的结构，无论是与金钱、医药、互联网，还是与任何东西有关的结构，我们真正看到或理解的东西是多么少。除非，我们开始关注不那么空的空间，并积极聆听社会的沉默。

第 8 章

剑桥分析公司

为什么经济学家会在网络里挣扎

"宇宙是一个巨大的交换系统。它的每条动脉都在运动，在互惠中跳动。"

——埃德温·胡贝尔·查宾（Edwin Hubbel Chapin），美国天文学家

2016 年春天，在特朗普赢得美国大选的半年前，我碰见了一个叫罗伯特·穆特菲尔德的人，他在一个名为剑桥分析公司的数据科学小组工作。我从来没有听说过他的公司，但我很高兴和他聊天，因为我（错误地）认为该公司与我的母校剑桥大学有关。穆特菲尔德想邀请我与他共进午餐。他知

道我接受过人类学培训，而他公司的创始人是行为科学专家，通过社会学家、心理学家、人类学家和其他人的工作成果分析相关数据。因此，2016 年 5 月 26 日，我坐在曼哈顿的一家日本餐厅里，在一张摆满日式便当的桌子旁坐着穆特菲尔德，一个快乐的德国人，和一个瘦小的、充满激情的英国人，他叫亚历克斯·泰勒，负责公司的研究工作。

我没意识到的是，接下来展开的话题，有力地说明了为什么技术人员、经济学家和记者需要倾听社会沉默的声音。当时，泰勒打开了一本夹层塑料小册子，上面显示了美国地图，并有颜色鲜艳的复杂图表。我后来才知道，这张图指的是一个名为"海洋"（OCEAN）的心理学模型，这个模型在 20 世纪后半叶变得很时髦，因为它根据不同的人格特征来区分每个人，基于开放性（Openness）、尽责性（Conscientiousness）、外向性（Extraversion）、亲和性（Agreeableness）和神经质（Neuroticism）（因此是 OCEAN）。泰勒解释说，这些图表预测了选民在选举中可能会做出的选择。

这真的很奇怪。他们疯了吗？这个图表看起来不像我所知道的任何商业人类学，而是数据分析。但泰勒和穆特菲尔德反驳说，这是社会科学的一个新版本；他们的模型不是试图通过对少数人进行密集的整体观察来了解人性，从微观层面的观察推断到宏观层面，而是收集了关于数百万人生活中错综复杂的细节的大量数据，以获得大规模人群的整体肖像。我问他们是如何收集这些数据的，他们是否为这些数据付费？

一人说，"看情况"。有些数据来自数据中介，这是 21 世纪的一种新型公司，他们收集消费者在使用信用卡、在线购物服务或任何其他平台时留下的数字痕迹，并将这些信息重新包装后出售。剑桥分析公司还从其他来源获得数据，如来自社交媒体的"免费"信息。

免费？这个词停留在我的脑海中，因为它听起来很奇怪。经过多年的金融市场报道，我倾向于认为现代资本主义下的一切都有货币价格。但是，当那天我们拿着日式便当和筷子坐着的时候，我没有追问他们"免费"是什么意思，因为我被媒体围绕政治前景的噪声所干扰。剑桥分析公司的人告知我，他们正在为特朗普的 2016 年总统竞选活动工作，尽管还没有公开宣布什么。我急切地想知道他们是否认为特朗普可能获胜。我们保持着联系，因为我热衷于追踪总统竞选的情况。但我没有花心思去写关于 OCEAN 的任何东西，因为它们看起来非常奇怪。

事实证明我错了。好几个月后，我意识到，我当时应该更多地关注这些奇怪的图表和"免费"这个词。那年秋天，特朗普赢得了选举，引发了他的对手们的公开愤怒。当他们调查他团队的策略时，愤怒加剧了：事实证明，剑桥分析公司通过收集 Facebook 等网站的数据来创建这些图表，以跟踪选民的情绪并开展影响活动。曾在剑桥分析公司工作过的粉红色头发的数据科学家克里斯·威利将此描述为"头脑混乱"，声称该公司有一个阴谋，通过用虚假信息操纵选民的情绪来"破坏世界"。剑桥分析公司的工作人员强烈否认了这一点。但人们对隐私泄露和不光彩的政治手段大加挞伐。于是该公司倒闭了。

这很令人震惊。但关于政治操纵的头条新闻掩盖了社会沉默的一个可能更有趣的领域："自由"这个词所引起的问题。当 Facebook 的丑闻爆发时，批评者宣称个人数据被盗，但这是不实的。剑桥分析公司通过交换获得了大部分数据，数据被换成了服务。剑桥分析公司前首席财务官（也是最后的首席执行官）朱利安·惠特兰后来告诉我，"我们的数据可能有一半是在没有支付任何金钱的情况下收集的"。

我无法用一个简单的词来描述这种数据交换服务，或者说没有哪个词足以体现其意义。"免费"这个词说明了情况中缺少了什么（即，"免"费）。这意味着在一个迷恋金钱的世界里，它往往会被忽视。对经济学家来说，给某些东西贴上"免费"的标签后，就等同于沃尔夫在 20 世纪 30 年代写到油桶上的"空"的标签，表示"没有"的文化标签——无意义且很容易被忽视。然而，有一个词可以用来描述这些交易，那就是"易货贸易"。技术人员自己几乎从不使用这个词，因为这个词往往让人联想到史前部落交换浆果和珠子的画面，而不是计算机世界里的字节。经济学家也是如此；从亚当·斯密时代以来，"易货贸易"这个词就被蔑视为一种原始的做法。但是，尽管经济学家和技术人员可能会回避"易货贸易"（数据交易）这个词，这些交换是硅谷运作的核心。除非政策制定者开始以明确的方式讨论易货贸易，否则将很难创建一个让消费者感到有道德标准的科技行业，应对政治上的虚假信息，甚至哪怕只是为了详细了解经济如何运作以及如何估值科技公司。出于这个原因，需要用人类学家的眼光来看待剑桥分析公司的故事，才能不仅看到嘈杂的政治丑闻，还能看到围绕易货贸易和经济学的"社会沉默"；特别讽刺的是，该公司一部分是以人类学为背景出现的。

为了理解为什么经济学家（和技术人员）需要更多地关注易货贸易，一个良好的出发点是思考英语单词"数据"（data）的根源。技术人员很少问这个词是怎么来的。如果他们试图猜测，他们可能会猜它与数字或数码有关。当我让他们猜测时，一屋子的硅谷名人问道："它和数字（digital）是同一个词根吗？或者约会（date）？"词源学家将这个词与拉丁语动词"dare"联系起来，意思是"给予"，以被动过去式表达。研究数据和生物医学的医学人类学家卡迪亚·费里曼（Kadija Ferryman）说，"正如拉丁语词根告诉我们的那样，'数据'意味着被给予的东西"，她补充说，"被给予的东西"就是字面上的"礼物"。

对互联网用户来说，这可能显得很奇怪。人类学家大卫·格雷伯（David Graeber）说："现代理想的礼物是……市场行为的一个不可能的反义词：纯粹的慷慨，不受任何个人利益约束的行为。"剑桥分析公司参与的那种数据收集，看起来并非慈善。正因为"礼物"通常被认为是市场或商业行为的反义词，所以它们往往被排除在经济学家的经济模型之外。然而，人类学家对"经济学"的看法一直比大多数经济学家所使用的要宽泛得多：他们不只是追踪"市场"以及以金钱为媒介的交换，他们还研究交易如何在最广泛的意义上将社会结合在一起。人类学家斯蒂芬·古德玛（Stephen Gudeman）认为："经济学是西方环境的产物。在人类学家工作的地方，有许多经济领域，例如家庭经济，也是至关重要的。"影响这种交换研究的一个关键主题是法国知识分子马塞尔·莫斯提出的一系列观点。莫斯认为，赠送礼物是世界各国各社会的普遍现象，包括三部分：给予、接受和最关键的——回报。有时是即时的双边互惠（人们互换礼物）。但互惠通常是延迟的，形成一种社会"债务"（如果我从你那里得到一个生日礼物，我以后会还给你一个）。互惠可以是"双边的"（在这个意义上，如果我得到一份礼物，我必须回赠一份给你，而不是给其他任何人）。但它也可以是"泛化的"（我可以向整个社会群体偿还我的债务）。无论哪种方式，重点是"礼物"创造了尾随而至的"债务"，将人们捆绑在一起。

这种互惠模式可能看起来与现代市场经济理念相去甚远。但是，如果你把视角放宽，你可以看到，我们被各种形式的交易所包围，这些交易没有价格标签，也不像经济模式可能暗示的那样以一种整齐、有界限的方式结束。试想一下，美国巨大的学生贷款产业是如何嵌入家庭义务和关系中的；这不是一个万亿美元的数字所能体现的。正如人类学家扎鲁姆（Zaloom）所指出的，这些金融流动关乎金钱，但它们所涉及的又远远超过了金融，因为它们根植于亲属关系和随后的回报模式。诸如此类的交易可以解释为何在 21 世纪讨论"易货"或许并不奇怪。经济学家经常假设，过去社会使用易货贸易，是因为那时候的人们没有货币或信贷。这似乎意味着一旦现代金融被发明，易货贸易就会消失。然而格雷伯指出，"我们对货币历史的标准描述恰恰是倒退的"。人类不是先使用易货贸易，然后"进化"到使用货币和信贷，而是"正好相反"。这似乎很难让人相信。但没有证据表明古代社会是根据斯密所想象的那样运作的。我以前在剑桥大学的教授汉弗莱说过："简单纯粹的易货经济从未被发现，而'货币由此诞生'更是谬误；所有现存的民族学都表明，从来没有过这样的经济。"相反，没有货币的社区往往有广泛和复杂的"信贷"系统，因为家庭创造了社会和经济债务。

真正促使我们重新思考关于经济"进化"这一简化假设的，是易货贸易在现代世界完全没有消失。在硅谷，信息不断被"放弃"，以换取免费服务——"礼物"。一个纯粹主义者可能会争辩说，这并不完全是一种"以物易物"的交易，因为它不是通过刻意的谈判达成的。确实，这种"易货贸易"的许多参与者根本没有明确意识到他们参与了易货贸易。然而，由于英语中没有其他现成的词来描述这种交易，将其描述为"易货"（dicker）可能是最好的选择。毕竟，这个词确实帮助我们看到了通常看不到的东西。在我们看清楚之前，我们就不可能成功改善我们的技术世界。因此，经济学家需要拓宽"镜头"，不仅要谈论"经济"，还要谈论"交换"。看看剑桥分析公司的争议故事就是一个开始。

2015 年 11 月，一个充满激情的金发年轻人，穿着整齐的蓝白条纹衬衫，在伦敦一家咨询公司 ASI 的办公室，向社会学家和计算科学家做了一次演讲。他叫杰克·汉森，在伦敦大学获得了实验物理学硕士学位，随后在剑桥大学获得了"实验性量子信息"的博士学位。10 年前，如果他想寻求财富，这种教育背景可能会促使他去伦敦金融城。但在 2008 年金融危机之后，伦敦金融城失去了（部分）诱惑力，曾经进入衍生工具领域的优秀技术人才正在进入一个新的领域。"广告技术"，或营销和广告领域，使用复杂的算法来跟踪数据，帮助营销和广告公司更有效地发送信息。这方面所需的技能与设计担保债务凭证（CDO）所需的技能惊人地相似。

"我想先问大家一个问题：你会爱上一台电脑吗？"汉森问他的听众。在他身后，一个演示幻灯片显示了科幻电影《她》中的一张图片，该电影由华金·菲尼克斯主演，斯嘉丽·约翰逊配音一台具有人工智能的计算机，它非常善于读取信号，以至于一个孤独的男人承认与之有一段恋情。"要爱上计算机，你需要让计算机先爱上你。我们能否利用数据科学和机器学习的工具，让计算机了解你并预测你的个性？"

听众们笑了起来。汉森解释说，他最近开始与剑桥分析公司的同事合作，利用 Facebook 的数据来追踪选民的个性，就是用我在纽约餐厅吃便当时看到的 OCEAN 心理学框架。"对于像我们这样的咨询机构来说，了解选民是极其重要的。如果我们能在个人层面上了解选民的个性，我们就能设计出可以和每个人产生共鸣的信息。我想利用 Facebook 的'点赞'按键来预测人们的个性。"他声称，这种"点赞"的预测能力可能是惊人的："喜欢'新奥尔良圣徒队'（在 Facebook 上）意味着你不太可能是个尽责的人。喜欢'活力兔'意味着你更有可能是神经质。"汉森在黑板上贴了一张办公室的照片。"有了这个模型和 Facebook 的'点赞'，我可以预测你有多尽责或多神经质，比你的同事还要了解！……事实上有一天你的电脑会很了解你，你能够爱上它！"听众们大笑起来，并鼓起掌来。

当时那个房间外面几乎没有人听到这个演讲；如果他们听到了，他们可能会像我一样反应：这简直疯了。但在汉森的故事背后，是一个更大的关于社会和数据科学的使用和潜在滥用的故事。剑桥分析公司源自一家名为"战略沟通实验室"（SCL）的公司，后者由一位来自英国上层社会的广告高管奈杰尔·欧克斯（Nigel Oakes）创建。早在 20 世纪 80 年代，他就在萨奇广告公司工作。当欧克斯开始他的职业生涯时，"创意者"主导了广告业。这些人在电视剧《广告狂人》中得到了永生，他们认为接触消费者的最佳方式是凭借他们的"直觉"或营销天才。但欧克斯认为有一种更严谨的方法可以做到这一点。他回忆："我们研究了人类学、社会心理学、符号学和结构分析，看看我们如何能够将社会科学和创意传播联系起来。"这与自 20 世纪 50 年代以来广告业就存在的"劝说"科学相符。他后来离开了公司，部分借助雅诗兰黛一名高管的投资在瑞士自创了一家咨询公司，以图服务企业客户。但企业对这方面的需求有限。因此，他把注意力集中在一个似乎对这些想法感兴趣的客户群体上：印度尼西亚或南非等新兴市场的政治家，他们希望利用行为科学来赢得选举。纳尔逊·曼德拉的团队就是其中一个客户。

2004 年，欧克斯将 SCL 搬回伦敦，并说服了老朋友亚历山大·尼克斯（Alexander Nix）加入。那时，欧克斯已经决定不再向新兴市场的政治运动出售他的服务。他回忆说："这是一个非常不愉快的业务——大多数人最终都没有付钱给我们。"相反，尼克斯和欧克斯向西方军方推销他们的服务，认为行为科学可以在伊拉克和阿富汗等地打击伊斯兰极端主义。他解释说："我告诉他们，这是用科学来拯救生命。

如果我们能用宣传活动让敌人落荒而逃，这比杀死他们更好。问题是你如何能说服一个敌方团体改变行为？是奖励吗？与宗教领袖交谈吗？还是其他什么？你需要了解文化。"

他赢得了源源不断的业务。他回忆说："我们没有在战场上工作，但我们成为北约的主要供应商。"为了获得他所需要的文化分析，欧克斯悄悄地雇用了一些学者来帮忙："我们大多选择拥有牛津大学和剑桥大学博士学位的人，因为我们应用的是真正的社会科学；我们需要实验心理学家和人类学家。"这种策略并不新颖。美国人类学家，如露丝·本尼迪克特（Ruth Benedict）和她的英国同行埃文斯·普利查德（E. E. Evans Pritchard）曾在第二次世界大战中帮助盟军了解不同的文化，美国军方随后在朝鲜战争和越南战争中起用了人类学家。这在人类学界引起了巨大的争议，因为许多学者讨厌帮助实现任何政府的军事战略①。"这是为了拯救生命。想想伊拉克——你真的需要狂轰滥炸这个国家，并在那里花费10 000亿美元吗？或许，你可以通过战略沟通来完成？使用

---

① 人类学家为军方工作的现象在该学科内部引发了无尽的内斗。在越南战争期间，美国人类学界爆发了惨烈的内部争斗。在21世纪，当美国军方创建了一个所谓的人类地形系统项目，并在阿富汗和伊拉克使用人类学家进行文化分析时，人类学界内斗再次爆发。美国军方说人类学改善了其行动。然而，2007年美国人类学协会发表了一份声明，痛斥人类地形系统项目颠覆了该学科的道德规范。

劝说的方式要有意义得多。"

在 21 世纪 10 年代，欧克斯和尼克斯分道扬镳。尼克斯想回到欧克斯不喜欢的政治选举业务中去，并开始迷恋上了数据科学。他不是数据方面的专家，他在大学里学习的是艺术史。然而，在该时间段的早年，尼克斯遇到了硅谷的一些名人，他们对通过追踪个人的在线足迹来了解人类行为的想法感到兴奋。欧克斯认为这很荒谬，因为这些数字痕迹往往质量很差。在任何情况下，他都怀疑零散的个人数字活动是否是文化规律的良好指南；相反，他和大多数人类学家一样，认为行为也是由群体情绪形成的，而这是无法通过零散的个人数据点来追踪的（这也是第六章中所述的，推动人类学家和民族学家进行消费者研究工作的论点）。"如果我在 Facebook 上说我喜欢某人的帽子，并不意味着我一定喜欢那顶真正的帽子，我喜欢的是'戴着帽子的人'。我这么说是为了社交。但收集'点赞'的点击数据无法说明这样的细节。"

但尼克斯被迷住了——尤其是当他遇到一位杰出的美国对冲基金经理罗伯特·默瑟（Robert Mercer）和他的女儿丽贝卡（Rebek-kah）时。默瑟父女是极端保守派，他们对奥巴马在 2008 年和 2012 年选举中的胜利感到震惊。由于他们认为奥巴马的团队是通过对数据技术的卓越运用而获胜的，他们想通过创建自己的数据咨询公司来进行反击。因此，在他们的朋友、极右翼分子史蒂夫·班农（Steve Bannon）的建议下，默瑟向尼克斯在 SCL 的一个子公司中创建的新公司投资了 1 500 万美元，并根据班农的建议，将其命名为"剑桥分析"，以提高其品牌的可信度（这起作用了：我之所以同意与该公司的代表共进午餐，是因为"剑桥"的标签）。尼克斯想获取他能找到的任何收入，而默瑟父女需要找到不属于左倾硅谷圈、顺从的数据科学家。惠特兰（Wheatland）观察到："共和党是市场的缺口所在，这就是我们往那个方向发展的原因。"

与 Facebook 之间的联系则是以一种错综复杂的方式建立的。当尼克斯建立公司时，他挖来一位 24 岁的加拿大数据科学家克里斯·怀利（Chris Wylie），怀利以前曾参与加拿大的自由派政治。怀利知道剑桥大学的学者一直在做一些前沿的心理学实验，利用从社交媒体平台收集的数据，而这似乎得到了科技公司的许可。他建议与其中一位亚历山大·科根（Alexandr Kogan）合作。科根启动了一个项目，向 Facebook 用户提供一个"免费"测验，如果他们点击一个按钮，允许科根"免费"使用自己和朋友的数据，他们就可以完成测验。科根将这个游戏视为实现其研究的工具。这也可以被描述为易货贸易（数据交易）。

　　事实上，以物易物并不是该公司使用的唯一机制：它也用钱从数据中介那里购买大量的数据。但以物易物是一种有效的方法，而且不仅仅可以用于获取 Facebook 的数据。公司员工前往学校、医院、教堂和政治团体，提出帮助这些实体利用他们拥有的任何数据建立模型，使他们能够发现趋势，从而为他们的工作提供更好的洞察力。剑桥分析公司承诺，如果他们能保留数据，服务将免费提供。许多机构欣然同意，因为他们缺乏资金来支付昂贵的数据分析服务。这种策略很常见，因为成群结队的企业家也在进入这个领域，并竞相使用易货贸易和现金来获得尽可能多的数据。像 Palantir 和 WPP 这样的大公司也在急于进入数据分析领域。活动狂热程度一度促使内部人士把数据分析比作新的淘金热。这个画面很贴切：有利可图，竞争残酷，但对监管部门来说还是"狂野的西部"，因为监管者还没能更新他们的管理结构以涵盖这一新领域。政府很难跟踪正在发生的事情，因为数据科学家正在跨越国界，在国家法律的范围之外。虽然这个空间很拥挤，但是，尼克斯和泰勒认为他们有几个优势：尼克斯与权贵人物有很好的联系；他拥有默瑟父女强大的资金支持；他的数据模型以一种看似创新的方式使用易货贸易（数据交易），将 Facebook 的数据与 OCEAN 心理学框架相结合。

并非每个人都认可这样做是可行的，或者说应该产生价值。欧克斯后来争辩称："OCEAN 方法和 Facebook 数据是胡说八道，完全是胡说八道！"但尼克斯认为这些数据的价值足以让他下大力气来保护它们。例如，在 2015 年，他发现怀利单独创建的 Eunoia 公司的一些员工正在向特朗普团队推销服务。尼克斯很生气，因为怀利在 2014 年离开了剑桥分析公司，他担心怀利带走了剑桥分析公司的知识产权、模式和 Facebook 数据。他威胁要起诉怀利，直到怀利签署协议，承诺不使用这些数据或模型。（怀利否认有错，他的律师后来告诉我，签署协议只是"为了避免漫长的法律诉讼，也因为他无意使用任何剑桥分析公司的知识产权或再次为美国另类右派工作，他的主要兴趣是时尚趋势预测"。）由于怀利后来以剑桥分析公司和特朗普的强烈批评者自居，他向特朗普集团做过的推销是个令人尴尬的转折点。然而，在这些复杂的竞争战中，关键的一点是：这些激烈的争斗表明，易货贸易（数据交易）变得多么珍贵。剑桥分析公司所收集的数据集并没有明显的货币价值。经济学家们并没有追踪科根组织的那种交易。没有人能够轻易地衡量在这个灰色世界中爆发的众多市场份额争夺战的商业影响。然而，该领域有广泛的

"价值",不仅在剑桥分析公司手中,还在硅谷和其他地区的许多公司手中。这说明了另一个更重要的问题:金融界在 20 世纪衡量公司的价值时,看的是"有形"资产,这些资产可以用货币单位来追踪(如商品销售或机器投资),但到了 21 世纪,所谓的无形资产正变得非常重要,且更难用货币来衡量。以至于到了 2018 年,无形资产在标准普尔 500 指数的所有企业价值中占到了惊人的 84%。1975 年,这一比例仅为 17%。[①]

2016 年 5 月,当我在纽约的日本餐厅见到穆特菲尔德和泰勒时,该公司正处于上升期。在默瑟家族的支持下,它赢得了为约翰·博尔顿(后来的美国国家安全顾问)和特德·克鲁兹(总统候选人)等保守派候选人开展数字宣传的业务,然后又负责了特朗普的总统竞选数字工作。由于特朗普的数字竞选经理布拉德·帕斯卡尔(Brad Parscale)住在得克萨斯州的圣安东尼奥,这项工作——代号为"阿拉莫项目"——就设在那里,由一位和蔼、低调的美国计算机科学家马特·奥茨科夫斯基(Matt Oczkowski)负责。他在圣安

---

① 数据并不是唯一的无形资产;品牌、知识产权、人才和环境资源的获取也可以被视为无形资产。但衡量这些的问题与围绕使用"免费"一词的问题类似:因为"无形"强调的是缺失的东西(即"无"形),所以很容易被忽视,研究它的系统也很薄弱。

东尼奥一个不起眼的角落里租了一间廉价的办公室，旁边是一家 La-Z-Boy 家具店和一条多车道的高速公路，车流如织。奥茨科夫斯基喜欢这样描述："我们一直保持低调。"他聘请了一个数据科学家团队，利用他们能找到的所有数据分析选民趋势，然后在社交媒体平台上向选民发送有针对性的信息。Facebook 派出了一个"嵌入"——即嵌入式人员——来帮助他们完成这项工作。这家科技集团通常向大型企业客户提供这种服务，并认为以这种方式帮助民主党和共和党也是有意义的。然而，民主党的数字竞选活动是如此庞大和复杂，以至于 Facebook 的嵌入对整体战略没有什么影响。然而，在圣安东尼奥，这项活动的运作就像一个自由散漫的创业公司，这群人渴望利用他们的匿名性和奇怪的地点所具有的自由性，来测试他们能找到的每一个可能的想法。由于奥茨科夫斯基不喜欢尼克斯，所以他的团队与尼克斯保持了一定的距离；并且，美国的选举法禁止如尼克斯的非美国人直接参与总统竞选。然而，在剑桥分析公司位于华盛顿的办公室里，惠特兰和其他人一直在关注这场战斗。他们并不真的认为特朗普有可能赢得总统大选。因此，在美国大选的早晨，即 2016 年 11 月 8 日，他们打电话给《金融时报》驻华盛顿办事处，告诉我们希拉里将以微弱优势获胜（他们这样做是因为剑桥分析公司的经理们想把预期的失利变成数据分析公司的准胜利，因为他们对特朗普在积累选票方面取得的进展感到自豪，尽管他一开始是个胜算很低的竞争者）。

然而，2016 年 11 月 8 日，特朗普赢得了选举，不仅震惊了自由派时评员和民主党，也震惊了尼克斯和惠特兰。突然间，一切都变了。随着消息的泄露，尼克斯在一篇博文中胜利地宣布，选举结果验证了剑桥分析公司所使用的分析模式。新的订单纷至沓来，不仅来自一系列企业客户，还来自全世界的其他政治宣传活动。① 公司内部欣喜若狂。惠特兰说："我们认为，我们能够利用这一成功进行上市，或者将自己卖给 WPP。这是典型的科技创业梦想：有一个出色的想法，把它建立起来，卖掉，发财，然后去海滩上坐着。"

在特朗普的竞争对手从意外失利中恢复的过程中，他们开始调查阿拉莫项目。在这之前，公众对广告技术领域所发

---

① 《金融时报》就是一个短期的企业客户，《经济学人》也是。当这个细节在 2018 年被披露时，有人猜测《金融时报》的合作是如何出现的。澄清一下：2016 年，穆特菲尔德向我要了一个报社广告部的联系人名字，以推销数据项目。我提供了一个名字，强调编辑部与广告部是分开的，然后没有参与更多，也不知道他们曾经做过什么工作。根据报社发言人的说法，一个试点的"市场研究项目"已经进行，但很快就被终止了。有关这一争议的详情可参见 https://bylinetimes.com/2020/10/23/dark-ironies-the-financial-times-and-cambridge-analytica。

生的事情很少进行辩论：就像 10 年前的衍生工具行业一样，这个领域被认为是极客们工作的地方，而且是非常复杂的，很容易被忽视。这又是一个典型的社会沉默的领域。但关于 2016 年竞选活动的信息开始涌现。有消息称，剑桥分析公司的部分员工过去曾使用过激进的策略，操纵肯尼亚、特立尼达和多巴哥等新兴市场国家的选民。尼克斯被一名卧底记者拍到，他吹嘘自己知道如何通过派遣"一些女孩到候选人家里去敲诈政治家"，并解释说乌克兰女孩"非常漂亮，我发现这非常有效"。英国《卫报》发表了来自（当时粉红色头发的）怀利的告密指控，他在其中宣称："我们利用 Facebook 收集了数百万人的资料，并建立模型，利用我们对他们的了解，瞄准他们内心的魔鬼。这是整个公司建立的基础。"尼克斯和惠特兰说，这些指控是出于恶意；怀利只是为了报复在公司知识产权争夺战中的失败。怀利则反驳说，他是为了保护民主而战。无论如何，丑闻全面爆发了。到 2018 年夏天，剑桥分析公司已经破产。

这并不是故事的结束。在接下来的两年里，政治和监管调查一直在进行，政客们对明显侵犯消费者隐私和涉嫌操纵民意对民主的威胁表示愤怒。大西洋两岸的监管机构在一片批评声中对 Facebook 处以罚款。英国监管机构试图对原剑桥分析公司追以巨额罚款，但最终放弃了这一做法，因为很难证明该公司确实违反了任何法律；确切地说，是因为在数字这个"原生态领域"，法律是如此不完整，就像在金融衍生工具的早期，公众可能认为不道德的行为并不一定是非法的。但在远离媒体喧嚣的地方，发生了一件引人注目的事情：几乎所有原剑桥分析公司员工都在数据科学的其他领域找到了工作。汉森——那位认为 OCEAN 模型可以"比你自己的配偶更了解你"的激情的实验物理学家——成了 Verv 健康公司的首席数据科学家。曾负责阿拉莫项目的奥茨科夫斯基创建了一家咨询公司，为消费品、物流和金融领域的公司提供咨询。卡车运输公司是他的重要客户。剑桥分析公司的其他员工加入了迈克尔·布隆伯格等美国政治候选人的数据分析活动，或为中东和印度家庭担任顾问，或为华尔街银行提供咨询。惠特兰后来在伦敦找到了一份经营金融技术公司的工作。考虑到该公司所经历的政治风波，从某种意义上说，这种趋势似乎令人惊讶，。但从另一种意义上讲，这并不奇怪。这场闹剧的另一个讽刺性的结果是，它把数据科学的力量宣传到如此程度，以至于其他公司和政治运动更渴望利用这些工具。这留下了一个大问题：是否有办法创造一个更道德的方式进行易货贸易（数据交易）？或者，是否有办法让经济学家开始看到他们所错过的东西？

2018 年 11 月，就在剑桥分析公司消失的过程中，我飞往华盛顿，参加了在国际货币基金组织总部举行的会议。会议由国际货币基金组织总裁克里斯蒂娜·拉加德（Christine Lagarde）主持，她散发着自己著名的时髦风格：奶油色和米色的人字形外套，以及配套的休闲裤。但是，听众并不时髦：是来自政府机构、多边组织和公司的几十位经济学家和统计学家。这次活动的主题是："国际货币基金组织第六届统计论坛——衡量数字时代的经济福利：衡量什么？"

一个奇怪的巧合是，这群人落座之处，就在剑桥分析公司美国总部对面的街道上。当年这家数据公司刚进入美国时，总部设在华盛顿特区郊区的一个廉价但时尚的仓库里。但它在 2016 年选举活动中取得胜利之后，该公司吸引了很多业务，以至于它搬到了离白宫不远的华盛顿市中心的一个显赫的地点。惠特兰后来向我描述了公司在华盛顿最后的、宏伟的办公室："我几乎可以从窗户看到国际货币基金组织。"参加国际货币基金组织论坛的经济学家和统计学家都不会知道这一地理巧合，或者说他们根本不在乎。到 2018 年秋天，剑桥分析公司的丑闻已经被媒体和公众辩论定义为一个关于科技和政治的故事，而不是经济学。但是，当我走过国际货币基金组织大楼的"第六届统计论坛"的大厅时,我想到,地点的"碰瓷"是合适的。国际货币基金组织的官员之所以召开这次会议,是因为其经济学家对他们如何衡量经济感到担忧。自从国际货币基金组织在第二次世界大战后成立以来,其工作人员一直使用 20 世纪初开发的统计工具,如国内生产总值(GDP)的计算工具。这些工具衡量的是公司在新设备上花了多少钱,他们拥有多少原材料库存,他们雇用了多少人,消费者购买了什么。这在工业时代是相当有效的。但它不容易捕捉到剑桥分析公司所做的那种事情,因为 GDP 无法捕捉到思想的价值,无定型的数据,或者没有金钱的"免费"交易。

这重要吗?一些经济学家认为不重要。他们指出,GDP 数据虽然排除了经济的某些部分,如家务劳动,但仍然非常有用。然而,令国际货币基金组织的一些工作人员担心的不仅是科技界的规模和增速,还有另一个单独的问题:一些官方经济统计数据发出的信号似乎越来越奇怪。生产率就是一个典型的例子。自 2008 年金融危机以来,硅谷不断推出创新,似乎是为了提高消费者和企业的生产力。然而,国内生产总值的数据表明,美国和欧洲的生产力已经崩溃了。例如,普林斯顿大学经济学家艾伦·布林德(Alan Blinder)估计,在 1995 年至 2010 年，美国的年生产力增速约为 2.6%（在此之前甚至更高）；2010 年之后增速下降到此前的四分之一，甚至更低。一个可能的原因是时间滞后效应（公司采用这些新的数字工具的速度很不平衡、很缓慢，所以它们还没有出现在数据中）。但另一个原因是，当我第一次与剑桥分析公司的工作人员共进午餐时，我的脑海中出现的那个词：免费。20 世纪的经济指标以货币形式衡量经济活动，却用民意明显的方法来跟踪无货币的经济活动。

这一点可以解决吗？经济学家正在尝试对数字的假定价值进行估算。2018 年春，科技平台 Recode 对 Facebook 用户进行了调查，结果显示，41% 的消费者愿意每月支付 1 美元至 5 美元来获得 Facebook，而四分之一的人愿意每月支付 6 美元至 10 美元（而 Facebook 通过使用数据出售广告服务，估计每月从每个用户那里获得 9 美元的收入）。其他经济学家估计，Facebook 对消费者的价值接近每月 48 美元，或每年超过 500 美元——而 YouTube 和谷歌等搜索引擎的相应年度金额分别为 1 173 美元和 17 530 美元。联邦政府内部一篇经济学家的论文认为，"科技创新使本研究的整个期间（1987 年至 2017 年）消费者剩余价值（每个互联网用户）每年增加 1 800 美元，并在过去 10 年中为美国实际 GDP 增长贡献了超过 0.5%"。他们的结论是："总的来说，我们对创新的更完整的（保守）核算估计 2007 年后的 GDP 增速每年被低估了近 0.3 个百分点，经济放缓没有原数据严重。"另外，一些经济学家试图通过计算科技公司从基于用户数据的服务中积累的广告收入来研究这些问题；这是非货币数据开始获得货币价值的时间点。但这些都只是猜测。因此，拉加德在她迷人的演讲中郑重地告诉国际货币基金组织大厅里的人群，真正关键的问题是："如何才能将'非货币数据'可视化并进行追踪？在一个数字世界中，人们如何能够'看到和跟踪'经济？"

我建议道："我们应该谈谈易货贸易。"我被邀请在 IMF 的讲台上发言，提供一个"局外人"（非统计学家）的观点。一些经济学家显得很不解，因为他们是在亚当·斯密的假设下长大的，认为"易货贸易"是一个老掉牙的概念。我试图反驳这一点："易货贸易是现代科技经济的一个支柱，尽管我们大多数人从未注意到或想到它。它是智能手机生态系统和我们在网络空间的许多交易的核心。"我认为，如果没有认识到这一点，就意味着官方的生产力统计可能低估了经济中实际发生的活动的数量。这也说明了为什么一些科技公司在资产负债表上没有什么资产，却吸引了天价的估值：易货贸易（数据交易）是一个无形的项目，用 20 世纪的公司财务工具很难衡量（尽管无形资产现在占标普 500 指数部门价值的五分之四）。

这也有很大的反垄断影响。早在 1978 年，美国前司法部长罗伯特·博克（Robert Bork）宣布，决定一家公司是否滥用垄断地位的最好方法是观察消费者价格的变化：如果价格上涨，就表明缺乏竞争；如果不上涨，就不存在垄断问题。这个所谓的博克原则从那时起就决定了政府的反垄断政策。我却告诉国际货币基金组织的小组："虽然这一原则通常是有用的，但如果我们处理的是易货贸易（数据交易）——一种完全没有价格的情况，就很难看出这个原则是否适用。"到 2018 年秋天，许多消费者和政治家认为，目前围绕数据收集的情况是"不公平的"，甚至是滥用，因为科技公司主导的平台达到了惊人的程度，它们似乎掌握了过度的权力。但由于没有消费者价格可供追踪，因此不能证明存在任何滥用。解决这个问题的一个办法可能是通过确保这些交换是以货币为媒介来创造消费者价格。这正是一些科技人员认为应该发生的事情。剑桥分析公司倒闭后，其前员工之一布兰妮·凯瑟（Britney Kaiser）发起了一个名为"我的数据我拥有"（Own Your Own Data）的倡议，致力于建立一个网站，让消费者可

以"拥有"自己的个人数据，并决定是否出售这些数据。"这
是为消费者和普通人创造财产的唯一途径！"她对这一想法
非常热衷，以至于她的脖子上总是挂着一个写着"own your
data"的金属块。其他许多年轻的技术人员也同意。硅谷企
业家朱晋郦（Jennifer Zhu Scott）认为："从本质上讲，数据
所有权不是一个隐私问题，而是一个经济问题。"

关于国际货币基金组织的活动，创新实验甚至提供了将
易货贸易（数据交易）变成货币交易的方法。Facebook 推
出了一个名为"研究"的新平台，承诺为从事市场研究的用
户提供报酬。但来自 Recode 的调查显示，只有 23% 的美国
人愿意花钱买一个没有广告、不收集他们数据的 Facebook；
77% 的美国人更愿意"免费"得到这个平台，也就是说，他
们喜欢一种隐性的易货贸易（数据交易）安排。几年前，
AT&T 的首席执行官兰德尔·史蒂芬森（Randall Stephen-
son）向我指出："人们总是说他们想要隐私，但似乎他们不愿
意为此付费。"他还注意到，当自己控制的这个电信巨头向
消费者提供选项，每月需支付少量费用，以确保可以在一个
不会收集他们数据的平台上观看视频时，只有少数人选择这
一项。

为什么？隐私保护运动者将对交易的偏好归咎于消费者

的无知或科技集团的两面派。我怀疑还有其他原因可以解释这种模式：数字创新使得以物易物变得如此方便和容易，以至于消费者发现这些交换比以金钱为媒介的交换更高效。我告诉国际货币基金组织："人们可能对滥用数据或政治操纵感到愤怒；他们可能觉得交易条件'不公平'，或者礼物关系所创造的信任体系被平台滥用了。但他们喜欢获得'免费'的网络服务，并对定制服务上瘾。"这反映了席卷科技界的另一个苦涩的讽刺："易货贸易（数据交易）在亚马逊经济中比在亚马孙丛林更有效率，正是因为有了数字的连接。现代技术……已经使一些看似'古老'的做法更容易恢复。"这完全颠覆了亚当·斯密曾经使用过的进化框架，更不用说他的追随者了，那些金融部长、资产经理，或在银行和国际货币基金组织等机构的大厅里占主导地位的人。

我强调，承认易货贸易（数据交易）的作用，并不意味着我们需要认可现状是"好的"。我认为改革是迫切需要的，应该对科技公司进行更多审查。监管机构应该修改它们对垄断权力的概念。易货贸易（数据交易）的条款需要变得更加透明，改善消费者的权益。消费者应该能够选购替代品，控制易货贸易（数据交易）的时间跨度，并了解数据将如何被使用。最重要的是，政府应该强迫公司使数据可移植，从而使消费者更换供应商就像人们使用银行开户和关闭账户一样容易。确保用户能够轻松移植账户数据的责任应该在公司身上，而不是在消费者身上；毕竟，这也是政府为了维护市场竞争原则，给金融服务和其他公共设施企业提出的要求。更直白地说，即使易货贸易（数据交易）仍然占主导地位，围绕易货贸易（数据交易）的交易条件也需要修改。

然而，据我观察，在监管者、政治家、消费者和技术人员迈出关键的第一步之前，实现这一目标的希望很小。他们首先应承认易货贸易（数据交易）的存在。政策制定者不能只关注政治丑闻、黑客攻击和民主威胁的噪声，还必须关注社会的沉默。过去和现在，都是更新 21 世纪经济学工具并建立一个更好的科技世界的唯一途径。

第 9 章

居家工作
为什么我们需要一间办公室

"智力是适应变化的能力。"

——斯蒂芬·霍金（Stephen Hawking，英国物理学家）

丹尼尔·邦萨（Daniel Beunza）是一个口若悬河的西班牙人，是在伦敦卡斯商学院任教的西班牙社会学家兼管理学教授。2020 年夏天，他组织了一场与美国和欧洲的十几位资深银行家的视频会议。其中一些金融家坐在美国的世外桃源（如汉普顿或阿斯彭）优雅的度假屋里；另一些人则在加勒比海、欧洲大陆的时尚度假胜地或绿树成荫的英格兰科茨沃尔德；还有一两位留在伦敦或曼哈顿的高档社区。把他们团结起来的是疫情封城期间他们都在家避难，并试图在家中操控其金融业务。邦萨想知道他们是如何应对这种"居家工作"的。你能用居家办公来管理一个交易柜台吗？金融业需要有血有肉的人吗？

早在疫情暴发之前，邦萨就已经对银行交易大厅进行了长达 20 年的研究，使用的是贝尔在英特尔公司或布里奥迪在通用汽车公司使用的那种人类学实地调查技术。这让他着迷于一个悖论。一方面，数字技术于 20 世纪末进入金融业，其方式是将市场推向网络世界，使大多数金融工作理论上能够在办公室以外的地方完成。2000 年，一个华尔街交易柜台的负责人（邦萨将他称为鲍勃）告诉邦萨："只要每月花费 1 400 美元，你就可以在家里拥有（彭博交易信息）终端。你可以获取最及时的信息，可以接触到你所掌握的所有数据。"但另一方面，数字革命并没有使银行办公室和金融交易室消失。鲍勃在 2000 年也曾观察到："趋势恰恰相反，银行正在建造越来越大的交易室。"

为什么？邦萨花费了数年时间观察像鲍勃这样的金融家来寻找答案。在疫情封锁期间，许多企业高管和人力资源部门也在问这个问题。但邦萨认为，他们聚焦的是错误的争论。

对于接受居家工作的公司来说，这种讨论往往集中在以下这些问题上：员工会不会因为压力而倦怠？员工能否接触到重要信息？员工是否仍然觉得自己是团队的一员？员工能否与同事沟通？然而，邦萨认为，他们也应该问类似的问题：人们如何作为群体行动？他们如何使用仪式和符号来形成共同的世界观？他们是如何分享思想以探索世界？他认为，有两个关键的人类学思想可以帮助金融家或其他任何行政人员构建这个框架。一个是布迪厄提出的"习惯"概念，即我们都是社会和自然的产物，社会性和天然性这两个因素相互促进。另一个是"意会"，即办公室工作人员（和其他所有人）不只是通过使用模板、手册或理性顺序的逻辑来做决定，而是作为集体中的一员，从多个来源获取信息，并做出反应。这就是与习惯相关的仪式、符号和空间之所以重要的原因。邦萨笑着说："我们在办公室做的事情通常不是人们认为的那样；我们做的关系到我们如何驾驭这个世界。"无论是在华尔街、硅谷，还是在现代数字经济发展的其他地方，"意会"都是至关重要的。

最早创建互联网的极客们一直认识到，有血有肉的人类和他们的仪式感是重要的，即便是在应对网络空间时。例如，早在 20 世纪 70 年代，当一群位于硅谷的有思想的工程师创建万维网时，他们还创建了一个被称为"互联网工程技术论坛"（IETF）的实体，为大家提供一个平台，让大家会面并共同设计网络的架构。他们决定通过"大致共识"来做出有关设计的决定，因为他们相信网络应该是一个平等的社区，任何人都可以在平等的基础上参与，没有等级制度或来自任何政府、联合国或公司的胁迫。"我们拒绝国王、总统和投票；我们相信大致共识和运行代码"是他们的口号，到今天依旧。美国高通公司的计算机科学家彼得·雷斯尼克坚持说："IETF不是由'少数服从多数'的哲学来管理。"相反，它"通过一个共识过程来完成其技术工作，考虑IETF参与者的不同观点，并达成（至少是大致的）共识"。

为了达成"大致共识"，极客们设计了一个独特的仪式：哼唱。当他们需要做出一个关键的决定时，该小组要求每个人哼唱以表示"同意"或"不同意"——然后根据哪方声音更大，进行到下一步。工程师们认为这比投票的争议要小。荷兰计算机教授尼尔斯·腾·奥弗说："许多互联网标准，如'传输控制协议TCP'、'网际协议IP'、'超文本传输协议HTTP'和'域名系统DNS'，都是由IETF成员以这种令人惊讶的非正式方式，即哼唱制定的。不要被这种非正式的哼唱愚弄了：IETF做出的决定，极大地影响了互联网——以及附属于它的数十亿美元的产业。"

2018 年 3 月，在伦敦埃奇韦尔路希尔顿大都会酒店的一个普通的房间里，开了一次会：来自谷歌、英特尔、亚马逊、高通和思爱普等很多公司的代表都参加了，体现了这场会议的意义。在这次 IETF 的特别聚会上，出现了一个有争议的话题：计算机科学家们是否应该采用一种被称为"草案—rhrd-tls—tls13—可见度—01"的创新协议。对任何外人来说，该协议就像信用衍生工具一样，根本听不懂。但该协议很重要：工程师们正在引入在线措施，防止黑客攻击重要的基础设施，如公共设施网络、医疗保健系统和零售集团，而拟议的"可见度"协议将要做的是，向用户发出信号，说明是否已经安装了反黑客工具。这是一个日益严重的问题，尤其因为疑似来自俄罗斯的黑客最近关闭了乌克兰的电力系统。一位穿着牛仔裤和花衬衫，名叫凯瑟琳的金发美国妇女告诉与会者："我不知道你们将如何通过刚公布的美国公共设施服务器端口来检测网络攻击威胁。除非已有一个检测网络攻击威胁的机制，否则我们还是需要一个机制。不然，美国也可能（因网络攻击）停电。"

工程师们花了一个小时争辩协议。一些人反对告诉用户是否安装了这一工具，因为这可能使黑客更容易绕过控件；

其他人则坚持应该这样做。一位计算机科学家说："这是隐私问题。"另一位则争辩说："这是关乎国家的问题。没有共识，我们就不能采取行动。"于是，一个名叫肖恩·特纳的人——他看起来像个花园里的侏儒，留着雪白的长胡子，秃头，戴着眼镜，穿着格子伐木工人衬衫——启动了 IETF 仪式。

他宣布："我们哼唱吧。如果你支持采纳其为工作组的一个项目，请现在就哼。"[①] 嗡嗡声爆发了，类似于颂歌，音符仿佛在墙壁上跳跃着。"谢谢。现在，如果你反对，请哼哼。"一个更响亮的声音哼起来了。特纳宣布："那么，在这一点上没有达成共识。"该协议就被搁置起来。

很少有人知道，这个潜在的关键决定已经发生了。大多数人甚至不知道 IETF 的存在，更不知道计算机工程师们是通过哼唱来设计网络的。读者可能就是其中之一。这并非因为 IETF 在隐藏它的工作。相反，这些会议对所有人开放，并在网上发布。但是，像"草案—rhrd-tls—tls13"这样的术语，就像胡言乱语，当大多数记者和政治家看到这串字母和数字时，他们会本能地转过头去，就像他们在 2008 年金融危

---

① 一些读者可能会觉得难以想象，但是，对 IETF 的程序和哼唱仪式的这种描述是真实的。要看哼唱的演示，请见 https://hackcur.io/please-hum-now/，整个辩论过程请见 https://rb.gy/oe6g8o。

机前对衍生工具所做的那样。和金融一样，这种缺乏外部审查和理解的情况令人震惊，特别是当人工智能等创新的影响正在加速推进。数据公司帕兰提尔（Palantir）的首席执行官亚历克斯·卡普在 2020 年 8 月提交给美国证券交易委员会的一份文件中写道："我们基本上将软件建设外包给了偏安一隅的一小群工程师。这些软件建设，使我们的（网络）世界成为可能。"大部分工程师初心是好的。但他们和金融家一样，视野容易偏狭，往往看不到其他人可能与他们的世界观向左，因此更不会认可他们的思维。研究过硅谷的人类学家 J.A. 英格利希·吕克（J.A. English-Lueck）说："在一个由技术生产者组成的社区里，设计、制作、制造和维护技术的过程就像一个模板，使技术本身成为看待和定义世界的镜头。技术渗透到人们用来描述他们生活的隐喻中……'有用'、'有效'和'好'合并成一个单一的道德概念。"

　　哼唱仪式提出的第二个重要问题是：它揭示了人类如何对数字机器做出反应。当 IETF 成员采用他们的哼唱仪式时，他们正在反映和强化一种独特的世界观，即他们迫切希望互联网应该保持平等和包容，即便是面对日益严重的中美竞争。这就是他们的创造神话。然而，他们也在无意中发出其他信号：即使在一个网络世界里，人与人之间的接触和背景环境也是非常重要的。哼唱仪式使他们能够集中向自己和对方展示他们创造神话的力量。这还能帮助他们在自己群体中的舆论潮流中前行，通过阅读来自无形和现实世界的一系列信号来做出决定。哼唱不是任何人能够纳入计算机算法或电子表格中的东西；它与我们想象的技术和工程师不太匹配。然而，它强调了一个关于人类如何在办公室、网络或其他任何地方工作的关键事实：即使我们认为自己是理性的、有逻辑的生物，我们在社会群体中通过吸收广泛的信号做出决定。表达这种做法最恰当的方式是采用一个在施乐公司发展起来，后由贝恩萨（和其他人）在华尔街使用的术语，即"意会"。

约翰·西利·布朗是一个拓展了"意会"相关思维的极客。布朗没有接受过人类学家的培训。他在20世纪60年代获得了计算机学位——就在互联网刚露头的时候，此后在加利福尼亚大学教授高级计算机科学。他后来解释道："我一开始是一名硬核计算机科学家和人工智能迷，对认知建模有强烈的倾向。"但当他遇到一些社会学家和人类学家时，他开始着迷于社会模式如何影响数字工具的发展这一问题。

因此，他申请了施乐公司帕洛阿尔托研究中心（PARC）的研究职位，这是一家位于康涅狄格州的公司在硅谷设立的研究机构。正如关于施乐公司历史的书籍《摸索未来》

（*Fumbling the Future*）所解释的那样，该公司高管喜欢把自己当作一个拥有尖端科学和创新技术的堡垒。施乐公司的科学家们因开发了复印机而闻名，且这台复印机非常成功，以至于它定义了整个产业。该小组还产生了许多其他数字创新，包括"有史以来第一台专门为一个人设计和建造的计算机……第一台以图形为导向的显示器，第一台对儿童来说足够简单的手持'鼠标'输入设备，第一台为非专业用户设计的文字处理程序，第一台局域通信网络……以及第一台激光打印机"。

在申请加入 PARC 的过程中，布朗见到了 PARC 的首席科学家杰克·戈德曼。两人讨论了施乐公司的研发工作和它在人工智能方面的先驱实验。然后布朗指着首席科学家的桌子问道："杰克，为什么有两个电话？"桌子上有一台普通电话和一台看起来复杂的新电话。

戈德曼哀号道："哦，我的上帝，到底谁能用这个电话？我把它放在我的桌子上，因为每个人都必须有一个，但需要做真正的工作时，我就用那个普通的。"布朗宣称，这正是施乐公司的科学家们需要研究的问题：人类如何使用（或不使用）硅谷公司不断创造的令人眼花缭乱的创新？在沉浸于"理工"计算科学之后，他意识到做一个"文科生"，研究社会科学是有好处的；或者，引用作家斯科特·哈特利后来在硅谷流行开来的热词，就是同时做一个技术员和一个"模糊者"。

布朗加入了 PARC，并将他的新理论用于工作。该中心最初由科学家主导，随后人类学家、心理学家和社会学家也加入其中（预示了英特尔的研究团队）。一位名叫朱利安·奥尔的退伍军人就是这样一位新兵。他曾在美国陆军担任维修通信设备的技术员，退伍后加入了 PARC 的计算机科学实验室，担任正在开发的原型打印机的技术员，但他后来迷上了人类学。他曾想过到阿富汗实地考察，但由于苏联入侵而中断了。因此，他决定转而研究施乐公司技术团队这一"部落"，当然，这不像兴都库什山那样有魅力。然而，正如布莱奥迪意识到通用汽车公司的工会代表了一个新的研究领域一样，奥尔看到施乐公司的技术人员是一个未经研究但很重要的"部落"。到了 20 世纪末，复印机在办公室里是一个无处不在的神器。如果一台复印机发生故障，工作就会崩溃。因此，施乐公司雇用了许多人，他们唯一的工作就是在办公室之间穿梭，服务和修理机器。然而，这些工人经常被忽视，部分原因是施乐公司的管理层认为，他们了解技术人员的工作。奥尔和布朗认为这是施乐公司管理层的一大错误，因为技术人员似乎并不总是按照他们老板的想法或行为行事。

布朗在施乐公司工作的早期就注意到了这一点，当时他遇到了一位被称为"故障排除大师"的维修人员，后者向这位精英科学家"抛出了一个挑战"："好吧，博士先生，假设坐在这里的这台复印机有一个间歇性的图像质量故障，你将如何去解决这一问题？"

布朗知道办公室手册中有一个"官方"答案：技术人员应该"打印出 1 000 份复印件，对输出进行分类，找到有故障的，然后与诊断结果进行比较"。这听起来对一个工程师来说似乎很有道理。这位"大师"带着一脸厌恶的表情告诉布朗："我是这样做的。我走到复印机旁的垃圾桶前，把它倒过来，对里面的东西进行分类，查看所有被扔掉的复印件。垃圾桶是好复印件和坏复印件之间的过滤器——人们保留好的复印件，扔掉坏的。因此，只要去翻垃圾桶……并通过扫描所有的坏文件来解释它们之间的联系。"布朗哀叹地得出结论：工程师们所做的是无视办公室手册，使用有效的解决方案——但这却是施乐公司负责人"看不见的……在认知模型镜头之外"的。这呼应了布莱奥迪在通用汽车公司看到的工人把零件藏在更衣柜里的现象。

但这种颠覆性的模式是否无处不在？奥尔开始采用参与

式观察的方法来寻找答案。他首先报名参加了技术培训学校。然后，他跟随维修团队。他后来解释道："我观察技术人员，与他们一起去客户那里服务或礼节性拜访，去零件库领取备件，在没有什么工作时与其他技术人员一起，在当地餐馆吃午饭和闲逛，偶尔去分公司或地区办公室开会、处理文件或向技术专家咨询。我所有的观察都是在工作中或呼叫之间进行的；我没有做程序性访谈……我对我们的谈话进行了录音，我还做了大量的现场笔记。"他自己曾担任过技术员，这在某些方面有所帮助：维修人员欢迎他加入。然而，这也产生了一个问题：他有时和他所研究的对象有同样的盲点。他回忆说："我有时会认为某些现象不值得注意，而在外人看来却并非如此。"他不得不绞尽脑汁，把"熟悉"变陌生。因此，像之前的许多其他人类学家一样，他试图通过观察技术人员在日常生活中使用的群体仪式、符号和空间模式，来获得这种距离感。

奥尔很快意识到，许多最重要的互动都发生在食堂。那些廉价餐厅并不是高管们在（偶尔）考虑维修团队的工作时会想到的。施乐公司的经理们通常认为，维修人员是在客户办公室内或在施乐公司的办公室内修理机器。在走访办公室之间花在餐厅里的时间似乎是"死的"或浪费的时间；它被定义为消极的（即不工作），因此就像"空"和"自由"这样的词一样无趣。但事实并非如此。奥尔在他的现场笔记里记录："我开车穿过山谷，与客户支持团队的成员在东边一个小城市的连锁餐厅吃早餐……爱丽丝遇到一个问题：她的机器报告了一个自检错误，但她并不完全相信它。这台机器的控制系统的许多部件都出现了故障，她怀疑有其他问题产生了连带故障……（因此）我们要去另一家餐厅吃午饭，那里有许多爱丽丝的同事在吃饭，以图说服最有经验的技术员弗雷德和她一起去看看机器。"

笔记里还记着："硅谷周围有许多便宜的餐馆，这已被技术人员默认为闲逛的地方。弗雷德告诉爱丽丝，根据他对工作日志的分析，有另一个组件需要被换掉。"换句话说，维修团队在餐厅里所做的，是一边喝咖啡一边集体解决问题，使用共有的关于施乐机器的经验，和他们生活中几乎所有其他部分的丰富记录。他们的"八卦"就是编织一个广泛的集体知识网络，从中提炼出知识，就像 IETF 的哼唱声。

这些知识很重要。PARC 的另一位人类学家，奥尔的博士导师露西·苏赫曼（Lucy Suchman）指出，公司手册假设："技术人员的工作就是对相同的问题进行死记硬背式修理。"但这是一个谬误：即使机器从施乐公司出厂时看起来是相同的，但当维修人员看到机器时，它们已经被使用者重新"塑造"了。奥尔的笔记中写道："弗兰克和我正在赶往今天的第一个维修地点，但他找不到大楼。用户报告说循环文件处理机——一个自动将一叠原件逐一放在玻璃上进行复印的设备——有问题……这并不令他感到惊讶，这台机器已经一个半月没人用过了，东西会沾上灰尘。"工程师们在餐厅里分享的正是这种（机器的）历史和背景。奥尔解释说："诊断是一个叙述的过程。"经理们并不关心灰尘问题，可修理工关注到了。

关于群体动态的观点同样也适用于公司内勤。当奥尔在研究修理工的时候，他的同事苏赫曼正在研究办公室工作人员对复印机的运用，或者说人和机器是如何沟通的（最重要的是，哪里缺乏沟通）。一台名为 8200 的复印机引发了强烈的困扰。这似乎很奇怪，因为 8200 设备（据说）被设计为易于使用。苏赫曼后来复盘说："这台机器是一台相对较大的、功能丰富的复印机，刚刚'上市'，主要是作为一个卡位机器，确立公司在某个特定市场的存在。在这台机器的广告中出现了一个身穿科学家／工程师白大褂的人物……向观众保证，要激活这台机器的广泛功能，只需要'按下绿色的启动按钮'。"工程师们对这个绿色按钮感到特别自豪，他们认为这使得机器万无一失。

在 PARC 接受过认知和计算机科学培训的研究人员开始研究出了什么问题，苏赫曼决定导入一些文化分析。她进行了一点民族学研究，观察客户办公室是如何使用 8200 复印机的。接着，一台 8200 机器被放入 PARC 实验室，与一个"智能互动界面"系统相结合作为原型；苏赫曼鼓励同事使用它，并录制结果。结果并不是计算机科学家所预想的那样。当机器被启动时，它发出了诸如"用户可能想改变工作指令"、"从装订好的文件中进行双面复印"和"复印装订好的文件的说明"等指令。用户理应按照这些顺序操作。但实际发生的，可从以下对话中一目了然：

> A："好的，我们已经完成了应该做的。现在让我们把这个手柄放下。看看会不会起作用……好像有点反应。"
>
> B："心累啊。"
>
> A："哦，它仍然告诉我们需要做一个装订文件，但我们已经做了，无须再做。也许我们应该回到一开始，把关于装订文件的那件事删掉。"
>
> B："好的，这是个好主意。"
>
> A："然后它问'是否已装订'？就按'不'。"

B："确实已经不是装订的了。"

这揭示了几个关键点。第一，即使用户想正确地、按部就班地遵守说明，他们也会遇到不确定的情况，必须使用说明书中没有的推理来做出判断。第二，用户并不总是以一种有界限的、有顺序的方式思考或行动，尽管这是手册和计算机程序的基础。第三，试图解释机器的用户并不是一致、独立的人，而是有他们自己的社会规律。正如另一位 PARC 研究员珍妮特·布隆伯格（后来在 IBM 工作）所指出的，当一群办公人员对一台陌生的机器做出反应时，往往有人会成为事实上的指导者或领导者，并影响整个团体。社会规律很重要，计算机科学家却往往忽视这种规律。苏赫曼认为，如果在设计中考虑到这些社会因素，人机交互会更有效。

为了解释这一点，苏赫曼引用了一个经典的人类学技术：跨文化比较。她的例子来自南太平洋密克罗尼西亚群岛的特鲁克人。另一位人类学家埃德温·哈钦斯（Edwin Hutchins）曾以卓越的洞察力研究过这个族群，他以前曾在美国海军工作，是海军航海方面的专家。这种背景使哈钦斯看到，尽管特鲁克人是优秀的水手，善于穿越遥远的距离，但他们并没有使用西方航海家（和美国海军）所依赖的现代科学工具，如罗盘、全球定位系统和六分仪。他们也没按照预设的航线行驶。相反，特鲁克人的航行方式是，作为一个群体，对出现的情况做出反应：读懂风、潮汐、海浪、动物、星星和云，听船的水声，闻空气的味道。苏赫曼在 PARC 发表的一份备忘录中解释道："虽然特鲁克人的目标从一开始就很明确，但他的实际路线却取决于他无法从一开始就预料到的独特情况。欧洲文化倾向于抽象的分析性思维，其理想是将普遍原则应用到具体情况。相比之下，特鲁克人没有这样的意识形态束缚，他们在记忆和经验的智慧指导下，学习一系列具体的见招拆招。"哈钦斯解释说，这意味着："人类的认知不仅受到文化和社会的影响，而且从根本上说，它是一个文化和社会过程"。

在 PARC 处理 8200 复印机的时候，哈钦斯的想法已经开始被管理科学领域所接受。然而，苏赫曼认为它们也可以而且应该被应用于工程和计算机科学。他警告说："欧洲领航员所体现的行动观点现在正被应用在智能机器的设计中。然而我们置特鲁克航海家的经验于不顾，后果自负。"为了设计有效的人工智能系统，工程师们需要承认"意会"的作用。

施乐公司的科学家们最终在一定程度上听取了人类学家们的意见。他们改了"智能交互系统"机器的广告，那个居高临下的白衣科学家不再告诉用户他们可以通过一个绿色按钮了解一切。在奥尔发表关于技术人员的报告后，公司引进了一些系统，使维修人员更容易在现场相互交谈并分享知识——即使远离餐厅。布朗说："朱利安意识到，行业所需要的是一种社会技术——双向无线电（就像早期的摩托罗拉电话，有通话按钮），这样，一个地区的每个技术代表都可以很容易地利用集体的知识。"施乐公司后来在无线电上加装了互联网上一个被称为尤里卡的初级信息平台，技术人员可以在那儿分享诀窍。布朗认为这就是"社交媒体平台的雏形"。

随着PARC团队继续实验，其他硅谷企业家对他们正在做的事情越来越着迷，并试图模仿他们的想法。例如，苹果公司的创始人史蒂夫·乔布斯在1979年参观了PARC，看到了该小组制造个人电脑的努力，然后雇用了PARC的一个关键研究员，在苹果公司开发了类似的产品；PARC产生的其他想法，在苹果和其他硅谷公司得到了响应。然而，讽刺的是，施乐公司本身在将其中一些出色的想法转化为有利可图的产品方面明显缺乏效率，在随后的几十年里，公司命运也受到了影响。部分原因是公司文化保守，行动缓慢，但也是因为PARC位于西海岸，而施乐公司的总部在康涅狄格州，主要的工程和制造小组在纽约的罗切斯特。好的想法经常被遗漏，这让 PARC 的员工感到沮丧。

然而，PARC 员工可以从其他方面得到安慰：随着时间的推移，他们的想法对社会科学和硅谷产生了巨大的影响。他们的工作帮助催生了"用户经验"（USX）运动的发展，促使微软和英特尔等公司建立类似的团队。他们关于"意会"的想法传播到了消费品领域，被那里的民族学专家所接受。随后，"意会"的概念进入了另一个令人意想不到的领域——华尔街。

一位名叫帕特里夏·恩斯沃斯（Patricia Ensworth）的社会科学家是最早在金融领域使用"意会"的人之一。2005年，她收到了来自一个"Megabling"（她用这个化名来代替"世界五大投资银行之一"）机构的总经理的紧急信息。那位总经理说："我们需要一名顾问来帮助我们的项目重新走上正轨！"恩斯沃斯已经习惯了这样的请求：那时她已经花了十多年时间，悄悄地借用奥尔、苏赫曼和西利·布朗开创的方法，来研究金融和技术如何与人类交融。

像该领域的许多人一样，她不是按部就班地进入这一未知领域的。她在 20 世纪 80 年代开始职业生涯，作为一名行政助理，在"王安电脑公司"工作，因为她需要获得一份薪水，来资助她的人类学研究生学业。据她回忆，由于人们传统上将女性与打字技能联系到一起，"做行政助理的人很早就掌握了文字处理程序、电子表格和文件管理软件，是第一批办公室自动化顾问"。完成学位后，她于 1985 年在美林证券担任办公室自动化分析员和客服呼叫中心操作员，同时策划如何用好自己的社会科学学历。她最终意识到最好的研究材料就在她的眼皮底下：独立的个人电脑刚刚在西方商业世界出现，MS-DOS 编码员正在挑战一直由大型计算机统治的数据处理等级制度。整个行业结构正处于变化之中。她决定利用社会科学来帮助解释为什么 IT 问题往往会在金融领域产生如此大的烦恼。

她的研究很快表明，这些问题既是技术问题，也是社会和文化问题。例如，在一个早期项目中，她发现美国的软件编码员对他们内部开发的软件程序不断出现故障感到非常困惑，直到她解释说世界其他地方的办公室的工作习惯是不同的。20 世纪 90 年代初，恩斯沃斯加入了穆迪投资者服务公司，最终成为其 IT 系统的质量保证总监。这听起来像是一个技术性的工作。然而，她的关键任务是把不同的部落——软件编码员、IT 基础设施技术人员、分析师、销售人员和外部客户拉到一起。之后，她成立了一个咨询公司，就"项目

管理、风险分析、质量保证和其他商业问题"提供建议，将
文化意识与工程相结合。

"Megabling"项目是一个典型。像大多数同类项目一样，
这家投资银行一直在努力将其业务转移到线上。但到了 2005
年，它的资本市场团队面临着一场危机。在 2000 年之前，
Megabling 的交易员将大部分的 IT 平台外包给了印度的供应
商，因为他们比美国的 IT 专家更便宜。然而，虽然供应商的
编码员和测试员擅长处理传统的投资产品，如股票、债券和
期权，但是他们却难以应付 Megabling 正在建立的新的衍生
工具业务，因为印度的编码员有其正式的、官僚的工程方法。
因此，Megabling 开始使用乌克兰基辅和加拿大多伦多的供
应商，他们的风格更加灵活，并习惯于与创造型数学家合作。
但这使得问题更加严重：截止期错过了，技术缺陷出现了，
昂贵的法律纠纷随之爆发。

恩斯沃斯后来写道："在纽约的 Megabling 办公室，外包
供应商与驻在当地的员工之间的关系非常紧张。转折点发生
在一次争吵中：一位加拿大男性测试员用亵渎的语言侮辱了
一位印度女性测试员，而她将热咖啡泼到他脸上。由于这在
法律上构成了工作场所的攻击行为，该女性测试员被立即解
雇并被驱逐出境。关于处罚是否公平的争论在办公室引起了

分歧……同时，风险管理审计师发现了外包的 IT 基础设施和流程中存在一些严重的操作和安全问题。"

许多 Megabling 的员工将这些问题归咎于种族间的冲突。但恩斯沃斯怀疑还有一个更微妙的问题。几乎所有 Megabling 的计算机编码员，无论他们是在印度、曼哈顿、基辅还是在多伦多，都被训练成在单向框架内思考，由顺序逻辑驱动，没有什么横向思维和视野。在这个意义上，他们类似于为复印机创造人工智能产品的施乐公司工程师。他们开发的软件的二进制性质，从根本上将所有的经验转化为电子开关，十六进制的 0-1 开关，也意味着他们倾向于"我是对的，你是错的心态"。这也影响了他们建立 IT 系统的方式：虽然编码员可以产生解决具体问题的算法，但他们很难看到全局，也很难随着条件的变化合作调整框架。这个问题与困扰施乐复印机的问题类似：就像灰尘可以使曾经相同的机器以不同的方式运行一样，当银行家们使用 IT 系统并将新产品放到这些机器上时，这就改变了代码的工作方式。恩斯沃斯指出："编码员以用例、流程图和系统架构设计的形式记录他们的研究。这些文件对于 1.0 版本来说效果足够好，因为网络空间模型与用户社区的生活经验相匹配。但随着时间的推移，模型和现实的分歧越来越大。"

编码员们似乎常常没有意识到他们最初的计划和后来的现实之间的差距，或者是因为尴尬而隐瞒了这一点。

这个问题能解决吗？恩斯沃斯试图通过向编码员灌输一种横向思维意识来解决这个问题。她说服印度的供应商，为其员工增加关于美国办公室规则和习俗的培训材料，并试图向乌克兰和加拿大的供应商讲授对 IT 采取放纵管理的危险性。她向编码员们播放视频，展示银行交易大厅的嘈杂和混乱情况；这让他们感到震惊，因为编码员们通常在图书馆般安静和平静的环境中工作。她向 Megabling 的经理们解释说，编码员对不能访问重要的专有数据库和使用相关工具感到愤怒。她还向有官僚主义倾向的编码员保证，他们的工作得到了 Megabling 的赞赏——即使银行家们的语气听上去很生气。她的目标是指导相关"各方"复制人类学的最基本戒律：从另一个角度看世界。

2008 年金融危机爆发后，该项目被终止，恩斯沃斯转而为其他银行工作，通常是围绕快速膨胀的网络安全威胁。这使得实验时间缩短，但恩斯沃斯希望一些人类学方面的经验能够延续下去。她后来写道："交付时间表和错误率偶尔还会有麻烦，但不再是一个持续的、普遍的担忧。"更好的是，IT 员工不再向银行家泼咖啡了。

在华尔街的另一角,邦萨也在使用"意会"的概念——不过是在金融交易员中。1999 年,他走进了一家被他称为"国际证券公司"的股票交易大厅,这家公司位于"下曼哈顿一座宏伟的摩天大楼里"。股票交易主管——鲍勃——同意让邦萨跟随交易员,希望能从他那里得到一些免费的管理想法和反馈。但这项研究并没有按计划进行。邦萨想研究交易员的大喊大叫是如何影响市场的。他后来解释道:"我看了奥利弗·斯通的《华尔街》,被企业收购的戏剧性所感动。我读过汤姆·沃尔夫的《虚荣的篝火》,想象着华尔街交易室里人满为患,人们被情绪所支配,就像沃尔夫写的那样,充满了'年轻人……一大早就汗流浃背,大喊大叫'。"

但当他终于到达国际证券公司时,他感到震惊:交易室里一片死寂。邦萨感到很沮丧。他问:"为什么你们的交易员不像电影里那样行事?"答案很简单:在过去的几年里,股票交易大多转移到了"线上",而不再是通过电话或亲自到证券交易所的交易"坑"中进行。戏剧则发生在电脑屏幕上。

邦萨更加困惑:如果一切都可以在线上完成,为什么银行还要使用交易大厅?鲍勃答道:"为了相互理解对方;当我有复杂的事情要向别人解释时,我不喜欢在电话里沟通,因为我需要知道对方是否明白我说的话。交易室……是一个社交场所。你可以偷听到其他人的谈话。市场有时并无动向，你会感到无聊，喜欢和其他人接触。"事实上，鲍勃认为这种社会互动是如此重要，以至于他花了大量的时间来思考在哪里为交易者安排座位这个看似老套的问题。"我尽可能地让人们轮换。他们很抵触。我的经验法则是，他们只和周围的人说话……这样他们就可以抱怨我，并在抱怨中了解对方。诀窍是把那些互不相识的人放在一起，让他们有足够长的时间去了解对方，但时间又不长到让他们互相掐架。"

鲍勃补充说，原因是"一旦两个交易员坐在一起，即使他们不喜欢对方，他们也会合作。就像室友一样"。因此，他每6个月轮换一次交易员。他还坚持将"个人电脑数量压低，以确保他们能够看到房间的其他部分"；他自己与其他金融家一起坐在桌子上，以便观察他们。

鲍勃将这一策略作为常识来介绍（后来邦萨总结说，鲍勃是他在华尔街看到的最好的经理之一）。但是邦萨仍然感到困惑。金融家们应该在基于科学和复杂数学的金融模型的帮助下做出投资决策，特别是因为他们使用的是"量化"金融策略。那么，为什么他们坐在哪里很重要呢？他总结说，这个问题最好用"意会"来框定。在市场上"游走"的交易员基本上有两种思维模式。有时，他们使用模型来绘制并遵循预设的路线，就像 21 世纪的水手使用全球定位系统一样。然而，他们也通过吸收大量其他的信号和信息来"航行于"市场。当交易员们挤在白板前，或在酒吧聚会时，就会产生"意会"；但它也发生在交易者无意中听到彼此的谈话时，或只是与坐在他们旁边的人闲聊时。正如奥尔意识到施乐公司技术人员的"诊断是一个叙述过程"一样，邦萨认为银行交易大厅的"八卦"创造了"一个社会系统，使交易员能够更好地面对使用金融模型中固有的不确定性"。对于银行家来说，这相当于技术人员在谈论灰尘。

这很重要，因为模型——就像那些施乐复印机——在人类与之互动时，并不以统一的方式反应。金融家们经常谈论模型，好像他们是市场上的一个"照相机"，捕捉正在发生的事情，然后用这个所谓的中性快照来预测未来。然而，这是虚幻的。正如金融社会学家唐纳德·麦肯齐所观察到的，模型与其说是"照相机"，不如说是市场的"发动机"，因为人们据此进行交易，从而推动价格。此外，由于模型的使用受到当地"物质"因素的影响，每个人使用模型的方式也不尽相同。当麦肯齐观察伦敦和纽约的银行家时，他发现不同的柜台使用同一个模型，产生了不同的证券价值。这就是为什么叙事很重要，无论是诊断过去还是预测未来。这一点也适用于政策制定者。当另一位人类学家道格拉斯·霍姆斯研究英格兰银行、瑞典银行和新西兰银行等机构的中央银行家时，他意识到中央银行家的口头干预——以及他们自己对所听到的经济故事的反应——在货币政策如何"运作"中发挥了关键作用。金融家和政策制定者可能试图从科学的角度来描述他们的技艺，设计出跟踪货币价格的模型；但牛顿物理学在货币世界中不起作用，因为主角们不断地用语言来相互反应。因此，经济学家罗伯特·席勒（Robert Shiller）所称的"叙事经济学"，即人类学家所称的"意会"，是非常重要的。

　　这些叙述和互动也意味着交易柜台的地理环境非常重要，原因有好有坏。像鲍勃这样的经理人相信，当合适的交易员坐在一起时，他们更有可能取得优异的业绩，即使是在电子屏幕上交易。然而，交易柜台的地理环境也可能造成部落主义和狭隘视野，因为过于紧密的团队可能不会与其他团队沟通。物理和社会特征往往会反映和加强彼此，形成一种"习惯"（布迪厄的术语）。这可能促进团队迷思。在"前台"、"中台"和"后台"之间也有很大的分歧，即设计交易的团队和实际执行交易的团队之间。何凯伦指出："前台、中台和后台之间的界限描述了社会等级制度。前台和后台的工作人员即使在工作时间也不相互交往（不同楼层，要坐电梯等，使之更加困难）。"这种分裂对金融家来说非常正常，他们很少质疑，因为自然和社会地理是纠缠在一起的。但这也引发了各种风险：没有大局观的交易员可能会对网络基础设施问题，或对他们做的交易的结果，变得更加轻率。这滋生了邦萨所描述的"基于模型的道德脱离"：一旦交易者用他们的模型执行了交易，他们就不觉得有必要考虑现实世界中如何执行交易的流程，或对"真实"经济（和"真实"人，正如我在第四章中所指出的）的影响。

像鲍勃这样聪明的经理人，本能地认识到了这些风险。这就是为什么他不断尝试在座位安排中对交易员进行调整，并为此花费大量资金。鲍勃还试图促进团队之间的互动，以创造社会学家所说的"偶然的信息交流"，即人们相遇时可能擦出的思想火花。这有助于打破交易员在某些资产类别中陷入"信息回声室"或羊群行为等一直存在的趋势。但是，没有办法用金钱来衡量这一点的实际价值；鲍勃永远无法证明，在他的团队洗牌的时候，他定期为交易柜台重新布线所花费的巨额资金是值得的。然而，邦萨理解鲍勃为什么这样做：即使在一个数字金融市场，人类也需要互动，以获得最重要的横向视野和感觉。

当然，这引出了一个问题。如果人类突然无法面对面地工作，会发生什么？在 21 世纪初，当他像一只苍蝇一样在华尔街和伦敦金融城的交易厅里徘徊时，邦萨经常问自己这个问题。他认为自己没有办法知道。然而，在 2020 年春天，他意外地遇到了一个自然的实验：随着新型冠状病毒的传播，金融机构突然做了鲍勃说过的他们永远不会或不能做的事情——把交易员和他们的彭博终端安排回家。因此，到了夏天的时候，邦萨联系了他在华尔街的老客户，提出了一个关键问题：发生了什么事？

做这项研究并不容易。人类学已经成为一门重视面对面观察的学科。通过 Zoom 进行研究似乎与此背道而驰。在 2020 年 EPIC 为了讨论这一挑战而召开的的辩论中，Spotify（流媒体音乐平台）的人类学家克洛伊·埃文斯（Chloe Evans）解释道："作为业内的民族学家和用户研究员，我的很多工作取决于与人们面对面交谈，了解他们如何在自己的条件和空间中生活。处于同一空间对我们了解消费者如何使用我们客户企业的产品和服务至关重要"。然而，民族学家意识到，新世界也有好处：他们可以在更平等的基础上接触到世界各地的人们，而且偶尔会感到更亲密。一位名叫斯图亚特·亨舍尔（Stuart Henshall）的民族学专家指出："我们在实验室环境中无法看到人们。"他之前在印度的贫困社区中进行研究。他解释说，在疫情封锁之前，他采访的大多数印度人都对他们的家庭空间感到非常羞愧，宁愿在研究办公室里见面。但在封锁之后，他的受访者开始在家里和人力车上通过视频电话与他交谈，这使他能够深入了解他们生活的一个全新的方面。据他观察："参与者在家里的环境中感觉更加放松。他们更有掌控感。"这是一种新型的民族志。

当邦萨通过电脑连线银行家访谈时，他发现了这种人力车模式的影子：受访者在家里比在办公室更渴望与他接触，而且感觉更亲密。金融家们告诉他，他们发现将一些功能转移到网络空间相对简单，至少在短期内是这样。如果你是写电脑代码或扫描法律文件，居家工作很容易。已经在一起工作了很长时间的团队也可以通过视频进行良好的互动。不过，真正的大问题是偶发的信息交流。JPMorgan 的高级交易员查尔斯·布利斯托（Charles Bristow）说："很难复制的部分是你不知道你需要的信息。就是你从走廊外的办公桌上听到的一些声音，或者你听到的一个词，引发了一个想法。如果你在家里工作，你不知道你需要这些信息。"居家工作也很难教导年轻的银行家如何思考和行动；亲身经历对于学徒传承金融的习惯和习性至关重要。布利斯托补充说："为金融活动定调的最佳方式是通过近身观察，以及领导层设定信息。在一个分散（居家）模式中，这变得更加困难。"

有鉴于此，当听说金融家们急于让交易员尽快回到办公室，以及大多数人在整个封锁期间悄悄地让一些团队在办公室工作时，邦萨并不感到惊讶。当摩根大通等银行开始让一些团队回到办公室时，他也并不惊讶。这些银行最初设计50% 的员工回到办公室，并花了大量的时间设计系统，进行人员"轮岗"，诀窍似乎不是让整个团队回来，而是让不同小组都有回来的人员。这是获得至关重要的偶然信息交流的最有效方式之一，而布利斯托等管理人员在办公室人员半满的情况下很看重这种交流。但是，从邦萨在封锁期的访谈中可知，最有启示性的细节之一是业绩问题。邦萨向华尔街和欧洲最大银行的金融家们提问，在 2020 年春天爆发的那阵疯狂的市场动荡中表现如何。在 2020 年秋，邦萨告诉了我他们的答案："银行家们说，他们在办公室的交易团队比在家里的团队的表现好得多。华尔街的银行在办公室里保留了更多的团队，所以他们似乎比欧洲人做得更好。"这可能是由于基于家庭的技术平台出现了故障。但邦萨将其归结为其他原因：面对面的团队有更多偶然的信息交流和感性认识，而在压力时期，这种"意会"似乎倍加重要。

　　邦萨观察到的银行家们并不是唯一意识到实体价值的人；IETF 的互联网极客也意识到了这一点，尽管这些人可以说是对网络空间拥有最多专业知识的人士。在 2020 年疫情期间，IETF 的组织者决定用虚拟峰会取代他们正常的现场会议。几个月后，他们在近 600 名 IETF 成员中进行了一次民意调查，以了解他们对这一数字化变化的感受。超过一半的工程师说，他们认为在线会议的效率不如现场会议，只有 7% 的人喜欢在网络空间开会。这种对虚拟聚会的厌恶并不是因为他们发现很难在网上完成技术工作，比如写代码。关键的问题是，工程师们怀念面对面的会议中外围的视野和偶然的信息交流。IETF 的一位成员抱怨说："在线工作不行。面对面时，我们不仅开会，还在社交活动中与人们见面。"另一位成员说："缺乏走廊、偶然会面以及聊天是一个显著的区别。"或者正如第三个受访者解释的那样："我们需要亲自见面才能完成有意义的工作。"

　　他们也怀念他们的哼唱仪式。随着会议进入网络空间，三分之二的受访者说，他们想探索在网络空间达成"大致共识"的方法。一位成员说："我们需要弄清楚如何在网上'哼唱'。"因此，IETF 的组织者们尝试着举行在线投票。但 IETF 成员抱怨说，虚拟投票过于粗糙和单一；他们渴望有一种更微妙、更立体的方式来判断他们部落的情绪。一个成员说:"对我来说,哼唱最重要的是知道有多少人在场哼唱,或有多大的声音。确切的数字并不重要,比例才重要。"或者像另一个人所抱怨的那样:"我们不能取代当面的哼唱。"硅谷的资深人士可能会把这描述为技术人员渴望"模糊"的联系——借用哈特利的比喻。人类学家则会描述为对"意会"的探索。无论怎样,关键的一点是:疫情迫使员工进入网络空间,使他们更善于使用数字技术;但它也暴露了社会的沉默,即人类互动和仪式的作用。无论是否有疫情,我们如果忘记这一点,后果自负。

第 10 章

道 德 财 富
什么是可持续发展的真正驱动力

"市场有众所周知的固有的低效率。比如，无论谁在做决定，都没有注意外部影响，以及对他人的影响。"

——诺姆·乔姆斯基（Noam Chomsky，美国哲学家）

2020 年夏天，我"遇见"了英国石油公司（BP）首席执行官伯纳德·卢尼。其实"遇见"这词只是一个说法。由于正处于疫情封锁期，我坐在自己位于纽约的邋遢的备用卧室里；他在西伦敦的智能家庭办公室里通过网络交谈，背景是别致的书架。这造成了一种奇怪的亲密感错觉。与其在会议室里隔着一张桌子盯着卢尼的脸，我可以透过像素观察他棱角分明的外表。他浑身散发着自嘲的魅力，说话带着轻快的爱尔兰口音。

他同我分享了一个故事。几个月前，他成为英国石油公司的首席执行官，并宣布了一项令投资者惊讶的转型政策。该公司几十年来一直是石化燃料的巨头。直到 1998 年，它的名字一直是"英国石油"。但卢尼似乎决心摆脱"石油"的过去，并承诺到 2050 年或更早实现"碳中和"，这意味着该公司将减少对石油和天然气钻井的投资，强调投资可持续能源，例如太阳能。可这项举措并没有令"环保少女"格雷塔·桑伯格（Greta Thunberg）这样的人士满意，他们希望石油和天然气公司立即停止钻探。英国石油公司不愿意这样做，不仅是其坚持认为需要从石化燃料中获得收入，来资助向清洁能源的过渡，而且对英国石油公司来说，这一转型方向已足够惊人，有别于其他公司，如埃克森的立场。值得加倍注意的是卢尼如何构建这一转型。正如他喜欢讲述的那样，卢尼受到了前一年的一件事的影响，当时他在阿伯丁市参加英国石油公司的年度股东大会，遇到了一个来自完全不同的社会群体的人———一个环保活动家。

和其他同行一样，英国石油公司的高管们已经习惯于抗议者出现在这些年度仪式上吸引眼球。这次年度股东大会也不例外。当会议在阿伯丁开始时，一群人正在攀爬英国石油公司的伦敦总部。在阿伯丁，气候活动家们站在大楼外，挥舞着标语牌，将英国石油公司正常的黄绿色太阳标志画成一个流血燃烧的球体。一些人偷偷溜进会议现场大声抗议（后被保安人员拖出去）。其他人在股东大会期间向英国石油公司管理层提问挑战；由于这些人有股份，他们有权利发言，而且他们总想这样做。英国石油公司的高管们通常尽力回答这些问题，但通常不会太深入。对于多年来一直在艰苦的能源开采世界中的高管们来说，环保活动家似乎是一个完全陌生的部落。

但是那天，当卢尼在股东大会上聆听抗议和提问时，他被一位抗议者的口才震慑了。他要求与她见面，因为他想知道是什么驱使她提出批评，并想通过她的眼睛看世界，哪怕只是片刻。他后来告诉我："我妈妈总是告诉我，你有一张嘴和两只耳朵，应按照这个比例使用它们。我想听听抗议者要说什么。所以我们悄悄地在午餐期间见面；我让她解释她为什么讨厌我们。我只是倾听，而不是相互大喊大叫。她解释了自己的立场，我并不同意其中的大部分内容，但她说了一些我以前没有想过的事情，我学到了很多。"

"什么类型的事情？"我问。

"很多都是对我们的批评。我以前也听过这些。但后来她问我：'为什么你们的广告中没有石油和天然气钻井的照片？为什么你们只有可再生能源的照片？你对石油和天然气感到羞愧吗？如果是这样，为什么？'这让我想弄清楚原因。"卢尼坚决拒绝告诉我那个抗议者的名字："因为如果我说了，她今后的工作会很艰难，我不希望这样。"他后来又继续与她见了几次面，试图倾听："我不同意她说的大部分内容，但我确实想听她的看法，通过她的眼睛看世界。她肯定改变了我的一些看法。"

我很惊讶。在我的记者生涯中，我曾采访过许多企业高管，其中许多人都受到过批评。大多数人对批评的反应是防御性的。几乎没有人不惜代价地去听那些讨厌他们的人所说的话。2004 年当我在为 Lex 专栏工作时，我与能源公司交谈过，他们斥责抗议者为嬉皮士。2009 年，我听到了那些在金融城和华尔街的高管（几乎全是男人）对"占领华尔街"等抗议运动的蔑视。2016 年，我听到了硅谷巨头们对"科技抵制"的抨击。2017 年，当 Facebook 的董事长马克·扎克伯格宣布他想在普通人中开展"倾听之旅"时，引起了人们的注意，因为这种姿态似乎非常罕见；当然，扎克伯格是否真愿意听取批评意见，外人无从知晓。然而，卢尼声称，他是真的想听；他听起来就像刚刚囫囵吞枣似的阅读了一本社会人类学教材：他试图用那个奇怪的"他者"头脑思考，以获得另一种观点。

我问道："你有没有学习过人类学？"他对着我的电脑屏幕摇了摇头，解释说他在都柏林学习过工程。他把自己的倾听愿望归结为母亲——事实上他在大学里是个平庸的学生，因此从未自信到可以忽视别人的意见。他似乎也受到了在生活中使用心理治疗这一事实的影响，而且与大多数 CEO 不同的是，他愿意公开这一点，以消除在企业界可能引起的污名。"我一直相信人应该倾听，这起码有助于管理。"

我无法判断这是否是他的真实想法。像任何新上任的首席执行官一样，卢尼有强烈的动机去打造魅力人设。他所在的英国石油公司的前任首席执行官鲍勃·达德利曾因显得冷漠而受到投资者的批评，英国石油公司董事会选择卢尼担任该职务的部分原因是他们渴望改变公司的形象。卢尼还没有把这种大胆的言辞变成具体的行动计划。如果他采取了行动，这些计划会起作用吗？[①] 我不知道。但是，他使用这种语言

———————————

① 本书并不打算对英国石油公司在应对气候变化方面是否做得足够好进行全面说明。支持者指出，英国石油公司承诺的措施有可能比大多数竞争对手更激进，这可能反映了其企业文化，相对其他公司，其确有承担更多风险的事实。批评者指出，其计划中的一些改革内容似乎并不特别"绿色"（例如，它正在将其"污染"资产出售给更不择手段的生产商）。事实上，要对英国石油公司改革进行判断还需要时间。

的事实是引人注目的。首先，它表明首席执行官有可能采用人类学家的一些心态和思考过程——尽管他并没有说出"人类学"，也没有直接从这门学科中搬用概念；卢尼把这仅仅归结于"有助于管理"。但令人惊讶的是，在一个动荡的世界里，似乎很少有企业领导人积极采用这种方法。

第二个引人注目的问题是，卢尼是如何受到更广泛背景的影响。他想告诉我——以及外部世界——他正在与环境活动家接触，因为时代潮流的变化速度几乎超出了所有人的预期。英国石油公司这样的企业，不仅受到像格雷塔这样的人的攻击，也受到更多主流投资者的压力。在我们见面前一年，英国石油公司的股价几乎腰斩，其他能源公司的股价也一样。大范围的疫情封锁带来的经济痛苦只是部分原因。同时，投资者正在回避化石石油和天然气股票，他们担心该行业在未来不会像过去那样有利可图，因为政府正在限制石化燃料的使用，而消费者也在为气候变化感到不安。这使得人们对"搁浅资产"——石化公司所拥有的石油和天然气储备可能变得毫无价值——的焦虑不断上升，使公司的价值低于投资者的预估。或者换一种说法，诸如环境等问题以前似乎是在投资者和经济学家的模型之外。它们被称为"外部因素"，并经常被忽视。现在，外部因素变得如此重要，以至于它们有可能颠覆模型。把它们放在视线的"外部"的想法看起来越来越荒谬——任何人类学家都知道这一点。

　　大多数投资者对这种态度上巨大转变的认识框架是认为这是"可持续发展"运动或"绿色金融"的兴起，或参考"ESG"概念，即"环境（environmental）、社会（social）和治理（governance）"原则的缩写。另一个框架是"利益相关者主义"，或者说，经营公司的人不应该只是为了给股东创造回报——即芝加哥大学的经济学家米尔顿·弗里德曼（Milton Friedman）曾经主张的——而是要保护所有利益相关者的利益：雇员、更广泛的社会、供应商等。但是，当我听完卢尼的演讲后，我想到还有另一种更简单的方式来描述过去和现在的情况：企业和金融领导人正在从隧道视野转向横向视野。弗里德曼在 20 世纪 70 年代提出的公司愿景是集中的、有界限的和简化的。首席执行官们被期望只追逐一个目标（股东的回报），而忽略其他几乎所有的东西；或者，更准确地说，是让政府和慈善团体去担心"外部性"。批评者认为，这是短视和自私的做法。正如乔姆斯基所抱怨的："如果你在一个必须盈利才能生存的系统中，你就会被迫忽视负面的外部因素。"但大多数企业领导人和自由市场经济学家反驳说，关注股东利润使公司充满活力，从而促进增长。

然而，当卢尼在视频屏幕上看着我时，他面对的投资者要求已不仅是回报；他们突然关注公司的背景和公司行为的后果。换句话说，不仅仅是卢尼表现得好像他囫囵吞枣学习了人类学的初级课程；投资者也在这样做。这就提出了一个引人深思的问题。为什么这么多投资者在此时此刻开始采用更加横向的人类学视角？

ESG 和人类学之间的联系对我来说一度不明朗。我偶然、纯属误打误撞地发现它，正如在我职业生涯中经常发生的那样。这个故事开始于 2017 年的夏天。当时，我在美国负责《金融时报》的编辑业务，这一职务要求我关注金融、商业和政治。我不断收到来自大型公司和机构的公关团队的电子邮件，他们急于给我讲故事。有一天，当我浏览邮箱的"无底洞"时，我突然意识到，"可持续性"、"绿色"、"社会责任"和"ESG"这些词一直出现在邮件标题中。而我通常是忽略或删除它们。从个人角度来看，我同情那些解决气候变化或不平等问题的倡议。但是，作为一名记者，我的职业训练使我本能地怀疑任何从事公关工作的人，他们给我讲的故事往往是在吹捧自己的公司。尤其令我产生不信任感的是，我读过人类学家（和其他人）的研究，描述"慈善"的概念有时会成为可能无益的活动和社会模式的烟幕弹（仅举一例，对宾州好时基金会的一项深度研究就显示了企业"慈善"可能产生的矛盾）。

　　我对自己开玩笑说："ESG 真正代表的应该是翻白眼（eye-roll）、讥笑（sneer）和呻吟（groan）的缩写。"反正在2017 年的春天，有一个问题吸引了我的注意：特朗普和他在白宫里不断发布的丰富多彩的推文。但是有一天，当我按下电脑上删除邮件的按钮时，我突然疑惑了：我是否在重蹈覆辙？许多年前，当我加入《金融时报》时，偏见让我最初对经济学望而却步，因为它似乎很无聊。当我第一次接触到衍生工具和其他复杂的金融工具时也是如此。我的"翻白眼、讥笑和呻吟"笑话是否只是另一个盲点？我开始做一个新的实验，类似于十几年前我对担保债务凭证所做的实验：在几个星期内，我试着不带讥讽地倾听人们对 ESG 的评价。我阅读了不断收到的电子邮件。我问高管和金融家，为什么他们一直在谈论可持续发展；我参加相关会议，并且倾听。慢慢地，有几点开始在我的脑海中清晰起来。这种时代潮流的转变不是发生在一个地方，而是发生在三个地方。第一个是C-suite，或者说是企业高管领域，那里的企业领导人开始谈论"目的"和"可持续性"，而不仅仅是利润。第二个是金融领域，投资者和为他们服务的金融公司正在追踪他们是通过什么方式获得的回报。第三个相对不为人注意的领域位于政府和慈善行业的交会处：政府已经没有纳税人盈余的钱来实现他们的政策目标，他们需要和慈善家一起，发掘和利用私营部门的资源。

这三个变革的焦点相互促进：公司正在寻求更广泛的目标；投资者希望为此提供资金；而政府和慈善家希望协调火力。强大的福特基金会负责人戴伦·沃克（Darren Walker）告诉我："我们正在重新思考慈善事业的定义。你捐出的 5% 的钱固然重要，但是你如何使用余下的 95% 的钱也非常重要。"这影响了公司对环境问题的态度，也引发了一场围绕社会改革（如打击收入不平等或性别歧视）和公司治理的新对话。虽然"E"所代表的环保，由于格雷塔·桑伯格等活动家引人注目的活动吸引了最多的注意力，但是 ESG 的三个部分都彼此相关。强大的瑞银董事长阿克塞尔·韦伯（Axel Weber）也告诉我："你不能轻易把'E'或'S'从 ESG 中剥离出来——一切都围绕着'G'。"

但我想知道，像韦伯这样的人真信这些东西吗？我的好奇心正在与怀疑心进行斗争。像瑞银这样的银行都是逐利的实体，在 2008 年信贷泡沫爆发前的狂热中扮演了核心角色。高管人员仍在给自己发放在普通人看来非常高的薪水，并为远非"绿色"的活动提供资金。银行销售 ESG 产品的想法似乎有点像中世纪天主教会的牧师在为自己和他人销售"赎罪券",即被认为可以抵消罪行的信物。我关于"翻白眼、讥笑和呻吟"的笑话一直在我脑海中闪现。然而,当我强迫自己继续听下去时,我意识到自己面对的是曾在衍生工具上所遇到过的"冰山问题"的翻版;再一次,系统中的噪声掩盖了一个更重要的沉默的领域。

关键的问题是有关风险管理的。如果你听一听围绕 ESG 的噪声,似乎整个运动都是关于活动主义的:声势浩大的积极分子呼吁社会和环境的改革,公司和金融集团都在大喊他们为了支持这个运动所采取的行动(并发了那些我已经删除的电子邮件)。但是,如果你用人类学家的视角更近距离地观察 ESG,很明显,还有一个未公开的因素在起作用:自我利益。越来越多的商业和金融领袖将 ESG 作为一种工具来保护自己。十年或二十年前最初发起 ESG 运动的活动家们通常不愿意承认这一点。这些活动家倡导可持续发展问题,因为他们有一个真正的、喧闹的、值得称赞的愿望,希望通过金融来改善世界;他们将其冠以"影响力投资"的名义,即通过投资来推动社会变革,并将"罪恶"的股票从投资组合中剔除。我有时会对同事开玩笑:"这就是修女、丹麦养老基金和美国儿童信托基金！"（一群修女已经成为大声发声的股东活动家，向公司施压，要求他们改革，而一些美国的富有财产继承人，如莉赛尔·普里茨克·西蒙斯，正在倡导"影响力投资"。）

但是，尽管那些希望积极改变世界的活动家发起了 ESG 运动，到 2017 年，许多投资者似乎只有一个不太雄心勃勃的目标，即避免对世界造成伤害。我告诉同事："这就是可持续发展团队。"此外，还有一个更大且雄心更小的群体，他们希望利用 ESG 规避对自己的威胁。这类人群包括资产经理，他们不想在石化燃料的"搁浅资产"上亏损，或投资面临声誉风险的公司，无论是办公室的性骚扰（围绕 Me Too 运动爆发的那种），还是供应链中的人权侵犯，或种族问题（即"黑人的命也是命"运动所揭发的那种）。同样，公司董事会也不希望被令人讨厌的意外事件绊倒，或因股东逃离或丑闻爆发导致高管失去工作。他们也不希望看到员工（和客户）因为对这些问题感到愤怒而出走。反之，投资者不想错过时代潮流变化可能带来的新机会，如转向"绿色"技术。公司也是如此。

这是否会使整个尝试变得虚伪？许多记者认为是。然而，我认为这是该运动原创者的某种胜利。历史表明，当一场革命发生时，它的成功往往不是取决于极少数坚定分子的支持，而是源于沉默的大多数人认为抵制变革太危险或毫无意义。ESG 正在接近这个转折点，因为投资界和商业界的主流开始被这股浪潮所吸引，即使他们根本不把自己定义为积极分子。

这引出了另一个问题：为什么这种情况发生在 2017 年，而不是 2007 年、1997 年或 1987 年？似乎没几个 ESG 活动家知道。但我怀疑这是因为企业领导人感受到更强的不确定性和不稳定性。达沃斯世界经济论坛的年度会议很好地体现了这一点。早在 2007 年初，当我第一次参加达沃斯会议——因为写了关于信贷衍生工具的负面文章被指责——我同时被全球精英们阳光乐观的情绪所震撼。我后来在《金融时报》上写道，柏林墙的倒塌和苏联的解体让达沃斯的精英们接受了"圣三一思想"；他们崇尚创新，相信资本主义是好的，认定全球化是有益的和不可阻挡的，并相信 21 世纪将是"一个由资本主义、创新和全球化主导，并且直线发展的时代"。

但到了 2017 年，达沃斯的精英们已经意识到，历史可能出现逆流；或者更准确地说，历史趋势如钟摆一样来回摇摆。2008 年的金融危机击碎了"创新"总是好事的想法，至少在金融领域。它也颠覆了自由市场资本主义可以解决所有问题的观点；政府开始插手金融系统和经济的其他部分。全球化在所有的领域都已经收缩了。民主似乎受到了攻击。西方政府的地位和可信度在世界许多地方摇摇欲坠，特别是在亚洲，中国变得更加自信。随着 2016 年英国脱欧投票和美国大选的意外结果，西方国家内部也爆发了政治动荡。保护主义、民粹主义和抗议似乎无处不在。最终的结果是一个被不断加剧的 "VUCA"——即波动性（V）、不确定性（U）、复杂性（C）和模糊性（A）所困扰的世界（借用美国军方所喜欢的术语）。

　　这种不稳定性和波动性正在微妙地动摇精英们的想法。这也使他们担心，如果他们忽视了社会问题、收入不平等、供应链的脆弱性、气候变化的未来影响等，可能会产生潜在的风险。这反过来又使弗里德曼的一些观点——即企业应该只关注股东而不考虑其他一切——显得不那么有吸引力。也许这并不奇怪。毕竟，弗里德曼也是他所处环境的产物：当他在 20 世纪中叶提出关于股东价值的理论时，大部分盎格鲁 - 撒克逊世界的人对政府、创新、科学进步和自由市场的作用信心很高。他的观点也是对前几代商业领袖经常以不负责任的方式行事这一事实做出的反应。我们需要理解弗里德曼思想的背景，尤其是因为到了 2017 年，这些背景已经发生了根本性的变化。在一个充满变数的世界里，企业高管和选民对盎格鲁－撒克逊世界的政府是否能够解决气候变化或不平等问题缺乏信心。相反，爱德曼公共关系公司进行的民调显示，2008 年金融危机后，大多数西方国家民众对政府的信心都崩溃了。危机过后的几年里，人们对企业的信任度也在下降，其中对银行业的信心下降尤为明显（但并不令人惊讶）。然而，值得注意的是，这种变化并没有放过政府，而且这种（不信任）状态在随后几年里也没有得到明显改善。到 2020 年，爱德曼的民调显示，在调查的 27 个国家中，有 18 个国家的公众在解决问题方面更信任商业领袖而不是政府领袖。令人惊讶的是，企业比非政府组织更受信任。（后者被认为比企业的道德水准略高，但能力较差，而政府则被认为是不道德兼无能的。）

理查德·爱德曼——公司以他的名字命名——认为，这些趋势为公司领导人支持 ESG 创造了一个积极的因素。然而，还有一个更消极、很少被讨论到的动机：对舆论攻击的恐惧。随着抗议活动的增加，公司领导人意识到他们必须做些什么来改革资本主义，使资本主义看起来更容易被接受，否则将面临因为公众抵制而将其推翻的风险。活动主义、自我利益和自我保护主义交织在一起，尽管很少有高管愿意公开讨论这个问题。

2018 年，我向《金融时报》的同事们建议，我们应该在网站上推出一个专题来追踪 ESG。我认为这可能是一个市场空白，因为人们的兴趣显然在膨胀，但主流媒体的报道很少，只有专业新闻网站才有报道。这与我十年前在证券化和信贷衍生工具方面看到的信息流动模式相呼应。记者们再次面对一个缓慢发展的故事，这个故事不容易符合一个好"故事"的文化定义。笨拙的缩写词和技术术语再次疏远了外行人士，因此很难讲述这个故事。ESG 行业也是不透明的和分散的，因为它是以近乎山寨的方式运行的：不同的创新者不断提出不同的产品理念，每个人都有自己的标签和标准。要想对正在发生的情况有一个全面了解很困难。媒体的报道反映了这一点：2019 年初，《金融时报》研究人员试图衡量网站上有多少关于 ESG 问题的报道，发现很难监测，因为内部标签系统对这些内容使用了十几种不同的词汇"标签"，从而将这些故事归入不同的主题下。ESG 无处不在，但又无从下手。这就产生了一个信息缺口。被称为欧洲"风险投资之父"的罗纳德·科恩（Ronald Cohen）告诉我："现在 ESG 的状况与我四十年前创业时的风险投资行业非常相似。"他的职业生涯从一个彻头彻尾的资本家开始，与人共同创立了 Apax 风险投资集团。到了 21 世纪，他已经成为环境、社会和治理的传道者，与哈佛商学院合作开发"影响力"会计指标。正如瑞士信贷的高级金融家玛丽莎·德鲁（Marisa Drew）（她后来成为该银行的首席可持续发展官）所言："我的职业生涯刚开始时，在 20 世纪 90 年代和 21 世纪初头几年从事的杠杆贷款和其他结构性融资，与我所看到的 ESG 非常相似。这是任何部门在创新的早期阶段、成熟之前所发生的事情。"

因此，在 2019 年夏天，《金融时报》推出了一份名为"道德财富"的小报。我用这个名字并不是为了暗示任何宗教联系，只是因为我们正在寻找一个不含缩写的醒目标签。我清楚地意识到，在 2008 年金融危机之前，由于所有的首字母缩写词和行话，要让 CDO、CDS 等听起来令人兴奋是多么困难。"道德财富"似乎很容易记住。更妙的是，它引用了 18 世纪经济学家亚当·斯密的框架。斯密通常被认为是自由市场资本主义的奠基人，因为他在 1776 年出版的《国富论》一书颂扬竞争是创新和增长的源泉。然而，亚当·斯密在 1759 年写的《道德情操论》中认为，商业和市场只有在共同的道德和社会基础上才能发挥作用。ESG 运动似乎将这两本书重新整合在了一起。"道德"情感被引入，使市场和资本主义更加持久和有效。我们时机把握得很好。专题推出两个月后的 2019 年 8 月，美国商业圆桌会议（BRT）——一个由 200 家美国大公司的首席执行官组成的精英团体——发布了一份正式声明，宣布支持资本主义"利益相关者"愿景。在过去几十年里，他们支持弗里德曼的口号，即关注股东的回报。但现在他们承诺要照顾员工、更广泛的社会、环境以及供应商的利益。该团体全部两百多个成员几乎都签署了声明。

我在《金融时报》的同事们问道："这究竟意味着什么？"网络上充斥着疑虑，这并不奇怪：在微观层面上，我们无从知晓 BRT 的声明能产生多大的实际影响。当"道德财富"团队与首席执行官们联系时，一些人坚持说他们的公司一直尊重利益相关者；许多人对他们如何进行（或不进行）改革以遵守这一新的口号含糊其词。然后，自称对 ESG 持怀疑态度的美国哈佛大学教授吕西安·贝布楚克（Lucian Bebchuk）与一位同事对 BRT 声明的签署者进行了研究。他发现，几乎没有一个参与的首席执行官在签名之前与其董事会联系过，这使贝布楚克和他的合作研究者罗伯托·塔拉里塔得出结论，BRT 声明只是一篇空洞的公关文字。他们认为："没有征求董事会批准的最合理的解释是，首席执行官们没有把声明看作自己公司改变对相关方态度的承诺。"这种"翻白眼、讥笑和呻吟"的因素并没有消失。

然而，从一个人类学家的角度来看，BRT 声明的象征意义仍然令人震惊。数年前，在塔吉克斯坦，我学习到仪式的重要性，即使它们传递的信息似乎与"现实"生活脱节。BRT 这份声明表明，"正常"的定义正在发生变化。正如人类学家布尔迪厄可能会说，"doxa"——辩论和正统的边界——已经改变。据美国咨询公司麦肯锡的高级管理人员詹姆斯·曼伊卡观察："企业、董事会、投资者的观点正在发生变化；现在大家都关注利益相关者的问题。"资金流也在发生变化。据估计，到 2019 年秋，已经有价值 32 万亿美元的资金按照 ESG 规范的广义定义进行投资，是十年前的两倍。其他人猜测，这个数字甚至更高。美国纽约梅隆银行在 2020 年 9 月的一份报告中指出："尽管有新冠肺炎疫情，但本年全球市场的'负责投资'流入量出现了一些指数级的增长，并有大量的新基金出现。根据评级专家晨星公司的数据，仅在 2020 年第一季度，流入全球 ESG 基金的资金就增加了 72%；截至 2020 年 6 月 30 日，分配给 ESG 基金的资产总额为 106 万亿美元。"2021 年初，美国银行副主席安妮·菲纽肯（Anne Finucane）估计，全球 40% 可投资资产正在按照某种形式的 ESG 标准进行管理。

世界最大的私营部门资产管理公司贝莱德的首席执行官

拉里·芬克（Larry Fink）等金融家预测，这一情况会持续下去。在 2020 年初，芬克向他的投资者和贝莱德投资的公司发出了一份公告——通过他发给投资者的年度公告，称为"来自拉里的信"——宣布，贝莱德将把气候变化分析纳入其积极管理的投资中的策略（与被动策略，即只是自动跟踪预先选择的指数相反）。他在那个秋天告诉我："气候变化是投资风险；一旦市场意识到有风险，即使是未来的，它们就会将风险前置。我认为，在 10 年之内，可持续性将成为我们看待一切的视角。"事实上，芬克表示，时代思潮转变的力度如此惊人，对金融市场的潜在影响是如此巨大，在他的职业生涯中，这种规模的转变只出现过一次：当他在 50 年前作为一名债券交易员开始工作时，发现了证券化如何改变了抵押贷款和公司债务市场。ESG 会计系统正以一套新的缩写方式出现（如 TCFD，气候相关财务披露任务组的简称，或 SASB，可持续发展会计准则委员会）。针对 ESG 产品的评级服务也已经出现了。公司纷纷设立"首席可持续发展官"的新角色，并启动内部审计，以评估自己在这方面的表现。汇丰银行在 2020 年夏天发布了一项针对其 9 000 名企业客户的全球调查，当时它的全球商业银行业务主管巴里·奥伯恩（Barry O'Byrne）告诉我："现在很难找到一家不想谈论 ESG 的公司。"调查显示，85% 的企业表示可持续发展是一项优先行动，65% 的企业希望在疫情之后增加或保持对它的关注，91% 的企业希望变得更加环保。"人们关注供应链、他们的环保印迹、他们与所在社区的关系、他们的员工关系等一切。"令人惊讶的是，这些客户中的三分之二说他们这样做不是因为政府的监管，而是因为来自客户、自己的员工或投资者的压力。

沃尔玛是时代潮流转变的典型。当企业家山姆·沃尔顿（Sam Walton）于 20 世纪 50 年代在阿肯色州本顿维尔创建这家美式零售商时，既是美国小镇精神的缩影，也有力代表着美国公共叙事中的资本主义梦想。尼古拉斯·科普兰（Nicholas Copeland）和克里斯蒂娜·拉布斯基（Christine Labuski）指出："沃尔玛把自己表现为美国爱国主义、民主、基督教家庭价值观、消费者选择和自由市场原则的骄傲体现。"这两位人类学家在 21 世纪初利用参与式观察研究了这家零售商。他们补充说："除了麦当劳，没有其他企业能像沃尔玛一样代表美国。"他们引用了《名利场》杂志在 2009 年进行的一项调查，其中约 48% 的受访者列举沃尔玛为"当今美国的最佳象征"。

然而，科普兰和拉布斯基还指出，到了 21 世纪初，这种"美国的化身"形象被矛盾所困扰。沃尔玛在其年度大会上使用的符号和仪式，讲述的是公司关于山姆·沃尔顿本人的创建故事或神话。然而，这家零售商之所以能向消费者提供低价，是因为该公司也是20世纪美国人对极端公司效率和股东回报崇拜的缩影。该零售商从中国工厂低价采购的商品比例越来越大。它保持较低的劳动力成本，部分原因是它禁止工会活动，精简供应链。这使沃尔玛得以扩张，但批评者抱怨说，这种策略压制了许多其他小型零售商，导致传统城镇的零售商消失。环境活动家还批评该公司使用的供应链造成所谓的环境破坏和恶劣工作条件。沃尔玛对此予以否认。然而，科普兰和拉布斯基认为，"沃尔玛的成功源于适应了一个崇尚效率和利润最大化的监管制度"。他们还指出，该零售商"已经表现出一种非凡的能力来掩盖其外部性（因素），抵御工会，避免重大诉讼和不必要的监管，并扩展到新的城镇和国家"。

2005年，该公司改变了方向：它开始与环境保护基金等团体合作，寻找办法降低公司对环境的破坏。一些批评者嘲笑说这是另一个公关噱头，因为这个战略转变最初看起来规模非常有限。然而，沃尔玛随后创建了一个专门的可持续发展部门，任命了一名首席可持续发展官，加快了改革的步伐。

2018 年，该公司创建了一个"十亿吨项目"倡议，不仅旨在减少沃尔玛的碳排放，而且要在 2030 年前从沃尔玛更广泛的供应链中削减十亿吨的碳排放。欧洲的一些零售商，如乐购，也参与了类似的项目。按照美国的标准，沃尔玛的行动使它成为一个先锋；或者，至少是一个规模更大的心态转变的象征。无独有偶，沃尔玛的首席执行官道格·麦克米伦（Doug McMillon）也是商业圆桌会议的主席，即发表惊人声明来驳斥弗里德曼狭隘的"股东"聚焦。

沃尔玛首席可持续发展官凯瑟琳·麦克劳林（Kathleen Mc-Laughlin）告诉"道德财富"专题："我们启动了'十亿吨项目'以降低'第三范畴'（企业外的业务）中的碳排放。我们已经承诺为自身业务制定科学的目标，即人们所说的'范围一和范围二'：在可再生能源、能源效率，特别是我们的长途运输车队、制冷设备方面采取实际举措。……其至包括我们的设施中的空调使用。但像其他零售商一样，90% 到 95% 的排放存在于我们的供应链中。"她指出，对供应链中的绿色问题的新核查可能很快也会蔓延到社会问题："我们开始看到社会问题带来的额外机会。……当涉及强迫劳动和贩卖人口的问题时，（进行）负责任的招聘。"活动家们希望这类转变对贫困社区和环境有利。投资者则似乎看到了一个新的好处：通过以绿色方式审查供应链，公司也在收集他们所需要的信息类型，以便抵御诸如新冠肺炎疫情这样的冲击，并变得更有韧性。汇丰银行的奥伯恩认为："筛选供应链的ESG 风险是为了良好的管理，而这是投资者现在所期望和鼓励的。"

这种强化审查因而产生了一种雪球效应。追求可持续发展议程的人不仅在自己的业务中这样做，而且还迫使其他人也接受它。挪威中央银行投资管理公司（NBIM）管理的一个养老基金示范了这个过程。2020 年，曾经研究过各国央行的道格拉斯·霍尔姆斯（Douglas Holmes）与一位来自挪威的人类学家克努特·米尔赫（Knut Myrhe）合作，对此做了一项"旁观者观察"研究。那里的基金经理为自己发明了有关 ESG 价值和利益相关者概念的重心而感到自豪：每当他们与所投资的公司开会时，他们都会像背《圣经》一样，不断重复相关口号。但霍尔姆斯和米尔赫注意到，这些资产经理并不指望只靠自己来实现这些目标；他们期望这些投资组合公司也能拥护他们并向其他人传播。米尔赫将此描述为一个"有用的不完整"的过程，也就是说，NBIM 的经理们正在拉拢其他人来填补他们自己无法完成的任务空缺。霍尔姆斯更愿意将其描述为另一个"叙事"经济学的案例。围绕 ESG 的说法正在改变资金流向——就像他之前观察到的与货币政策相关的说法改变了中央银行所属领域的市场一样。

这种情况会持续吗？我认为会的，至少在可预见的未来是这样。新冠肺炎疫情已经向企业和商业界展示了隧道视野的危险性，或者说为什么通过狭隘的企业金融或经济视角来看待未来是危险的。这引发了人们对横向视野的渴望。疫情还提醒大家，忽视科学，或忽视世界另一端、看似陌生的地方正在发生的新闻是危险的。气候变化的挑战与这两点有关：解决它需要横向的而不是隧道式的视野和全球连通性的意识。同时，波动性、不确定性、复杂性和模糊性的问题仍然存在。就 ESG 这个缩写而言，它是对 VUCA 的回应，似乎有可能继续下去，与之伴随的是世界更加采纳与人类学相似的视野。霍尔姆斯在继续研究挪威的可持续行业时指出："民族学对话是通往道德的桥梁。"

"倾听是决定性的。"

结语

亚马逊到亚马逊

如果我们都像人类学家那样思考，世界会怎么样

"智者不会给出正确的答案，而是提出正确的问题。"

——克劳德·列维·斯特劳斯（Claude Lévi-Strauss，法国人类学家）

2018 年，美国纽约大学人工智能和社会研究中心负责人凯特·克劳福德教授发布了一张图表，描述了亚马逊公司推出的智能控制设备 Echo 的"黑匣子"。这个小工具带有一个被称为"Alexa"的人工智能系统，在无数的西方家庭中都能看到。然而，很少有用户知道 Alexa 这一虚拟助理人工智能平台的神奇之处。克劳福德认为他们应该知道。

她和同事弗拉丹·约勒最终绘制的图表错综复杂到令人窒息，只能拼在几个电脑屏幕上看，或者打印在一张巨大的纸上。它有一种令人神往的美。以至于纽约现代艺术博物馆（MOMA）最终买下了这张图，作为自己的藏品展示。这一举动听起来很奇怪，直到你想起俄罗斯作家维克托·什克洛夫斯基（Viktor Shklovsky）曾经说过的一个观点：艺术的一个目标是使"看不见"的东西被正确地"看见"，促进"去陌生化"，看到我们通常错过的东西。

然而，这里还有一个要点。一位普通的参观者在面对MOMA这件"艺术品"时可能会认为，该图显示了Alexa智能语音系统内部的神秘之处。人工智能毕竟是我们这个时代的一个热门话题，因为它同时激发了人们的兴趣和敬畏。很少有人真正了解一个智能设备里有什么。但克劳福德的图表描绘的，实际上是另一个我们通常会忽视的谜团：Alexa的背景，即让Echo设备工作所需的所有过程。这个背景包括微软人类学家所称的"幽灵工人"的劳动，即为支持人工智能而履行重要职能的不起眼的低薪人类；围绕矿物开采的复杂过程；为数据中心发电的能源；错综复杂的金融和贸易链。克劳福德指出："在消费者与Alexa互动的短暂时刻，一个巨大的能力矩阵被启动：在采矿、物流、分销、预测和优化的网络中，资源开采、人力劳动和算法处理的链条交错进行。我们如何才能看到它，并理解其作为一个结合的整体的庞大和复杂性？"问得好。

克劳福德不是一个人类学家。她接受的是律师培训，获得了媒体研究的博士学位，然后研究人工智能的社会影响，并一路吸收人类学的经验。但是，这张图强调了本书的核心信息：我们有时很难看到当下周围的世界到底发生了什么，因此需要改变自己的视野。

20世纪给我们留下了强大的分析工具：经济模型、医学科学、金融预测、大数据系统和人工智能平台，比如Alexa里面的那个。这值得庆祝。但是，如果我们忽略了背景和文化，特别是当这一背景正在发生变化时，这些工具是无效的。我们需要看到我们所忽视的东西。我们需要知道意义之网和文化如何塑造我们对世界的感知。大数据能告诉我们正在发生什么，可它不能告诉我们为什么，因为相关不代表因果。人工智能平台——如Alexa——也不能告诉我们，我们从周围环境中继承的层层矛盾意义：符码是如何变异的，思想是如何移动的，实践是如何混合的。为此，我们需要接受另一种形式的"AI"："人类学智能"。用另一种比喻来说，我们迫切需要像心理学家那样把我们的社会安排到沙发上，或者使用相当于 X 光机的分析方法，以看到所有半隐藏的文化偏见对我们所产生的或好或坏的影响。

人类视觉通常不会产生整齐的演示文稿、具体的科学结论或有约束力的证明，它通常是一门解释学，而不是一门经验学。但是，在它的最佳实践下，我们能结合质性和量性分析，揭示我们作为人类的本质。

以这种方式扩大视野，有时真的可以使世界变得更好。在克劳福德和约勒发表其令人震惊的图表，使不可见的东西变得（稍微）可见之后，亚马逊宣布，它将不再把货运站点中的"幽灵工人"放到笼子里（注：亚马逊曾为部分工人造笼子并申请专利，让工人们在里面工作）。对一些亚马逊高管来说，这也是一个进步：他们获得了更广阔的视野。陌生化可以推动变革。

那么，我们怎样才能获得人类学家的视野呢？这本书至少提出了五个想法。第一，我们需要认识到，我们都是生态、社会和文化环境的产物。第二，我们必须接受不存在单一的"自然"文化框架，人类的存在是一个多元化的故事。第三，我们应该寻找方法让自己反复沉浸在他人的思想和生活中，哪怕只是暂时的，以获得对他人的同理心。第四，我们必须用局外人的眼光来看待我们自己的世界，以清楚地看到自己。

第五，我们必须用这种视角来积极倾听社会的沉默，琢磨形成我们日常生活的仪式和符号，用上人类学的方法和思维，如习惯、意会、边缘性、偶然的信息交流、污染、互惠和交换。

如果你需要另一个工具来获得一些人类学的视野，那就看看 Alexa 图表，试着想象一下，如果你在中心位置，要为你周围的环境画一幅画，它会是什么样？你会看到哪些隐藏的流动、联系、模式和依赖关系？正如什克洛夫斯基所说，艺术可以开启一个"陌生化"的过程，这可以帮助你成为一个局内的局外人。旅行也可以，词源学也可以——或者对我们不假思索地用词的研究。在本书第八章，我描述了英语单词"data"（数据）令人意想不到的词根。英语中的其他词也有奇怪的、启示性的词根。例如，"公司"这个词。这个词来源于古意大利语中的"con panio"，即英语"with bread"（共同分享面包），因为当中世纪的商人第一次创建"公司"时，大家干完了活就围坐在一起吃面包。今天，投资者和高管们通常不这样定义"公司"，因为他们关注的是资产负债表。但这个词根应该提醒我们，公司最初是作为社会机构存在的——普通工人可能更希望今天的公司恢复这种状态。

"银行"和"金融"的词源也很引人注目：这两个词分别来自古意大利语的"banca"，即金融家曾经会见客户的长椅，以及古法语的"*finer*"，意思是"完成"。因为金融最初是为了解决债务甚至血债而出现的。这不是银行家们现在看待金融的方式，因为他们倾向于将其视为目的本身，即无实体无休止的流动。但大多数非金融家更愿意把金融看作达到目的的手段（即真正为人服务的职业），这种差距有助于解释许多非金融人士对银行家的道德愤慨感。"经济学"也是如此：这个词来自希腊语的"*Oikonomia*"，意思是"家庭管理"或"管家"。这也经常与经济学的现代含义相冲突，即复杂的数学模型。但希腊语的意思对大多数非经济学家来说更有吸引力。每当我们说出"数据"、"公司"、"金融"或"经济"这样的词时，都再次提醒我们为什么从多维看待生活并倾听社会的沉默是有用的。

因此，如果更多的人接受了人类学视野，会发生什么？其影响可能是革命性的。经济学家将扩大他们在金钱和市场以外的视角，考虑更广泛的交易，并更多关注曾被认为是"外部因素"的问题，如环境（有些经济学家正在努力这样做，我向他们致敬，但还不够）。同样，如果企业高管采用人类学视角，他们会更加关注公司内部的社会动态，并认识到社会互动、符号和仪式的重要性，即使现代公司早已不是什么"共同分享面包"的社会机构了。他们会注意到，人力资源部门只雇用"文化契合"（即与已经在那里的其他人一样）的候选人是一个错误，相反，他们会意识到拥抱多种思维方式才能创造活力。具有人类学视角的企业高管也会更加关注公司在世界范围内对社会和环境的影响，并思考公司所为的后果，无论好坏。

金融界也是如此。如果管理银行和资产的人们采用人类学视角，他们就会看到内部的部落主义和薪酬结构是如何加剧风险的（正如我们在 2008 年金融危机中看到的那样），以及"意会"是如何影响他们与市场的互动的（反之亦然）。他们会认识到自己的社会和职业环境是如何助长了对"流动性"和"效率"的痴迷，而其他人（通常）是不会这么看的，以及他们对抽象模型的依赖如何令他们对创新在现实世界中应用的后果视而不见。

这一点也适用于科技人员。正如我在本书中所描述的，近几十年来，许多科技公司都聘请了人类学家来研究他们的客户。这是值得称赞的。但是，现在迫切需要科技人员翻转镜头，研究他们自己，看看他们（像银行家一样）是如何进入一个在其他人看来是不道德的心理框架的；他们崇尚效率、创新和达尔文式的竞争，并倾向于借用计算机的语言和图像来讨论人（例如，通过使用像"社会图表"或"社会节点"之类的短语）。人类学视角也会迫使编码者认识到，计算程序如何将偏见，比如种族主义，以一种可能被人工智能强化的方式嵌入系统；或者数字技术如何加剧社会和经济的不平等（很多人不能平等地获得教育或基础设施，比如快速网络）。换言之，如果科技公司的高管们在过去采用了人类学视角，那么他们现在可能就不会面临反弹了。如果他们希望在未来应对这种情况，那么他们迫切需要一个更广泛的社会视角。同样，如果政策制定者希望围绕数据隐私和人工智能制定合理的规则，他们迫切需要采纳一些人类学视角。

医生也会从人类学视角中受益：正如我们在新冠肺炎疫情（和埃博拉）中看到的那样，与疾病作斗争需要的不仅仅是医学科学。律师也是如此，因为合同总是包含被忽视的文化假设。如果政治民意调查员倾听社会沉默，他们的分析也会更准确。我自己的职业——记者——也会通过接纳人类学而受益。当记者有足够的空间、时间、培训和激励机制去问"我在这些头条新闻中没有看到什么？""什么是没有人谈论的？""我们回避的这些可怕的专业术语中包含了什么？""我没有听到谁的声音？"这样的问题时，就能完成最好的新闻工作。记者们通常想这样做，但哪怕在资源丰富的情况下，要提出这样的问题已经很难了。如果没有足够的资源来资助

记者的好奇心，而这个行业又是如此的分散和拥挤，以至于
要不断地争夺注意力，这就更难了。当政治两极化，信息定
制化，而"受众"往往只消费那些证实他们预先存在的偏见
的新闻时，这就更难了。特朗普在 2016 年的推特账户是一
个更大问题的症状，而不是其起因。媒体需要认识到这一点，
并应对他人和自己的部落主义和社会沉默问题。[①] 现在这一
使命比以往任何时候都重要。人类学视角可以提供帮助。

这使我想到了最后一点：如果政策制定者和政客们能够
接受人类学的教训，他们就能把自己武装得更好——用流行
的口号来说，更好地"重建美好"。人类学促使人们思考气
候变化、不平等、社会凝聚力、种族主义和最广泛意义上的
交易（包括易货贸易）。它鼓励政策制定者思考塑造公共生
活的仪式、符号和空间模式。它使官僚和政客们能够思考他
们自己的偏见和文化模式是如何令他们"跛脚"并推出不良

---

① 记者如何打破自己的孤岛？ 这个话题值得单独写一本书，特别是考虑到对媒
体的信任下降的程度。但我喜欢的一种策略是所谓的"多米诺"策略，不是
指骨牌在连锁反应中翻倒，而是指真实的多米诺游戏中显示的相似和不同的
原则。在游戏中，玩家用自己骨牌的一半配上对方的骨牌；然而，另一半的
数字是不一样的。匹配是有的，但差异也是有的。这个比喻可以用于报道：
一个好故事通过提供熟悉的东西来吸引观众的注意力，但一个更好的故事也
会让他们看到一些他们没有想到的奇怪的东西，比如多米诺骨牌余下的一半。
这有助于刺破心理和社会的小圈子。

政策的。它促进了从其他地方（从教育系统的学生开始）学习经验教训的开放态度。它认识到，拥抱多元化不仅仅是道德上正确的事情，而且是活力、创造力和韧性的关键。或者正如人类学家托马斯·海兰德·埃里克森（Thomas Hylland Erik-sen）所言："从这种人类学比较社会的方式中所获得的最重要的发现，是认识到在我们自己的社会中，一切都可能是不同的，我们的生活方式只是人类采用的无数生活方式中的一种。"在面对压力的时候，我们很容易忘记需要扩大视野。封锁和疫情迫使我们从物理层面上退缩到令自己感到安全的群体中，审视内心，就像经济萧条时一样。但是，疫情期间和疫情之后，正是我们需要打开而不是缩小视野的时候，无论这多么有违常识。

这种对横向视野的拥抱，或者说对人类学视野的拥抱，会发生吗？也许可以。毕竟，不论好坏，我们正生活在一个变化巨大的时代。当我在 1990 年去塔吉克斯坦的时候，作为一个成长在"冷战"时期的英国孩子，我觉得我好像是去了一个遥远且陌生的地方。当我在 2021 年初完成这本书时，世界已经变得如此相互关联，"熟悉"和"陌生"正在以新的方式碰撞。我在杜尚别住过的那个家庭的一个孙女，名叫马利卡，现在在剑桥大学攻读历史学博士。她的哥哥在中国香港，是一名科技企业家。另一个亲戚法兰吉斯正在加拿大创作获奖的音乐作品。她的祖母穆尼拉创建了一个基金会，强调塔吉克斯坦在古代丝绸之路上作为文化十字路口或东西方桥梁的作用。30年前，这些遥远的联系几乎是无法想象的，即使对于像这样的精英家庭来说也是如此。但是，当苏联在1991年解体时，边界开放，航班开启，奖学金出现，互联网突然以惊人的方式将文化和社区联系起来。或者换个说法，当我在1990年飞往中亚时，该地区以古丝绸之路的节点闻名，历史上，思想和货物在尘土飞扬的驼队中或撒马尔罕等古城的市场上交换。而今天，新丝绸之路存在于我们周围的网络空间和飞机上，创造出无数或好或坏的传播。在人类学思想方面，世界也发生了惊人的转变，以至于当我回顾自己过去30年的生活时，看似不同的故事几乎都绕了一圈回到原点。20世纪80年代，我在剑桥大学学习人类学时，那些担心"文化"、社会正义或亚马孙雨林状况的学生，和想成为会计师、律师、企业高管、金融家、管理顾问或创建亚马逊等公司的人是不同的社会部落。撒切尔夫人和里根总统的自由市场精神的拥护者通常不会接受马林诺夫斯基、格尔茨或拉德克利夫·布朗提出的观点。今天，商业和金融界注入了新的可持续发展运动，它不仅推动了关于环境的对话，也推动了关于不平等、性别权利、偏见和多元化的对话。企业的董事会和投资委员会中正在提出博厄斯所倡导的关于需要重视所有人的想法，同时还有关于企业供应链中"幽灵工人"、生态破坏和人权问题的辩论。

产生这种情况的部分原因，是人们真的对地球面临的危险感到惊恐，特别是千禧一代。但它也反映了一个被 VUCA 所困扰的世界的自我保护和风险管理。用 PARC 前科学家约翰·西利·布朗的一个独木舟比喻，ESG 是对我们这个"急流"世界的回应。在这个世界里，我们越来越难像在一条有预设路线的平静河流中划船那样规划生活之航道。我们面临着急流，其中充满混乱的隐流，不断地相互激荡，而网络化的人工智能可能会使反馈循环变得更糟。在这个动荡的世界里，整齐划一的模型是糟糕的导航指南；我们需要的是横向的，而不是隧道般的直线视野。

因此，当我今天回想起 30 年前在塔吉克斯坦的那个可怕的夜晚——当马库斯问我人类学"到底有什么意义"时，我今天的回答是：我们需要用人类学的眼光来观察我们周围半隐藏的风险；我们也需要它来让自己茁壮成长，抓住网络丝绸之路和创新创造这个令人兴奋的机会。当人工智能正在接管我们的生活时，我们需要庆祝我们的人性。在一个政治和社会两极化激增的时代，我们需要同理心；在一个疫情迫使我们上线的时期，我们需要承认我们的物理存在和亲身感受；当封城使我们向内看时，我们需要扩大视野。而由于气候变化、网络风险和疫情等问题将持续威胁我们，我们也因此需要拥抱我们共同的人性。此外，我认为可持续发展运动的兴起，意味着更多的人本能地认识到这些观点，即使他们从未援引过"人类学"一词。

这就是希望所在。

后记

致人类学家的一封信

"多元化是我们的事业。"

——乌尔夫·翰纳兹（Ulf Hannerz，瑞典社会人类学家）

这本书并不是为人类学家而写的。相反，我的主要目的是告诉非人类学家们一些有价值的想法，这源自30年前我一脚踏进的这门鲜为人知却令我为之倾心的学科。因此，一些其他学科的学者可能会发现我对他们珍视的概念和方法的描述过于简单。对此，我感到很抱歉，但我这样做的意图是：我希望看到人类学的思想能够更广泛地走入公共视野中——

我很失望这门学科现在还没有达到像经济学、心理学和历史学那样的讨论热度。

为什么还没有呢？其部分原因是沟通的问题：人类学学科训练的信徒视生活为不同浓度的灰色，这是令人钦佩且不易的，但这也意味着他们有时很难用简单的术语向外行人解释他们的工作。另一个原因是个性与方法：人类学家被训练着"躲在灌木丛中"观察他人，因此往往不愿意把自己推到众人面前。成为人类学家的人，往往有一种反建制的观点（也许是因为一旦你研究了政治经济中权力如何运作，就很难不感到愤世嫉俗）。这一切都使人类学家更难被纳入主流影响力范畴。

另一个问题是，当人类学家从研究原本的"简单"或"原始"的社会到开始分析西方工业化背景下的文化时，他们就进入了已被其他学科占据的领域，因此他们似乎不确定自己的定位。人类学应该与其他学科合作吗？应该输入其他观察和分析工具吗？应该让人类学的方法渗入其他学科，比如用户研究，即使在这个过程中失去了"人类学"这个词吗？或者，人类学家应该保持冷漠，以突出独特性质吗？简言之，人类学家应该如何找到其"使命"？凯斯·哈特（Keith Hart）指出，19世纪的殖民时代的目标很明确：西方精英将人类学作为一种学问工具，来证明帝国的合理性，并断言除白种人以外都是低等的。在 20 世纪初期至中期，则有一个相反的使命：人类学家渴望消除 19 世纪的帝国主义和种族主义的恐怖。但是今天呢？人类学对于定义我们的共同人性和庆祝多元化方面，比以往任何时候都更有价值。它可以将世界各地的经验传授给政府、公司和公民。它可以帮助我们重新看待自己的世界。但是，参与观察是如何能在强大的精英阶层中发挥作用的？在互联网上？或者当人们在网络空间中既联系又分离时？人类学家们正在激辩这些观点，但他们并不总是有明确的答案。

我谨建议，人类学家需要更多的合作，需要更有雄心，更灵活，更富有想象力。大数据和网络空间的革命给社会和计算机科学家提供了强大的新工具来观察人，但它们也显示了为什么单靠大数据不能解读世界的变化。现在迫切需要将社会科学和数据科学结合起来，而能够做到这一点的人才非常缺乏，这开创了人类学家应该抓住的机会。在一个全球化的世界里，当符码不断变化时，我们应该重视那些能够在现实世界和网络空间中领略不同文化的人。随着传染风险的出现，政策制定者、企业和非政府组织需要有想象力的人，他们可以从全局上看到风险，无论是疫情、核威胁、环境，还是类似的问题。简言之，如果有更多的人类学家能够将他们的观点与其他学科，如计算机、医学、金融、法律等学科相融合，或者将他们的观点注入政策制定中，那么整个世界将会因此而更加受益。

这样的融合并不总是能够轻易地融入大学院系；这些院系有时有一种官僚文化和"边界"，几乎和殖民帝国时期行政长官在其殖民地划定的边界一样，都是人为的（和无益的）。正如法尔默在埃博拉危机期间所感叹的那样，人类学有时也会受到"行会"心态的影响（即对在其他学科工作的人产生怀疑）。私营企业、非营利组织或政府机构的人力资源部门并不总是知道如何使用具有人类学技能的人。但正如本书所显示的，有些人已经成功地将人类学思想以令人意想不到的方式带入实际领域，无论是纽约的数据与社会小组（使用人类学研究网络空间），PIH 团队（倡导社会医学），微软的研究部门（揭露"幽灵工人"的困境），还是贝尔在澳大利亚国立大学经营的研究所（研究人工智能），又或者是圣菲研究所（研究复杂性）。这里仅举上述几例。我向他们致敬，并热切地希望这些组织能够增加并得到广泛的支持，将学术界和非学术界人士吸引到一起。我也希望非西方、非白人的人类学家可以在这个领域发挥更大的作用。这门学科开始于欧洲和北美的企业，现在仍然由西方的声音主导着。它需要更多的多样性，但建立这种多样性需要更广泛的认可和资金支持。

最后，也是最重要的，我希望人类学家可以更好地将他们的想法推向主流社会。有些人正在努力：美国人类学协会 2020 年的会议主题为"提高我们的声音"，目的是使"人类学更具包容性和可及性"，会议主席马扬提·费尔南多曾解释道。人类学播客，如《这个人类学生活》(*This Anthro Life*)和非学术性的在线出版物，如《智人》(*Sapiens*)正在出现。人类学家也正在为《谈话》(*The Conversation*)这样的平台提供内容。一些受过民族学（与人类学不同）培训的社会科学家也在进入公共服务领域。在本书于 2021 年年初出版时，美国总统拜登的新政府提名社会学家和民族学专家阿隆德拉·纳尔逊（Alondra Nelson）担任白宫科技政策办公室的副主任。近几十年来，几乎没有社会科学家担任过这样的职务，而使这项任命备受关注的是，纳尔逊最近的学术研究主要集中在科技的社会层面。（她参与领导了一项倡议，试图让社会科学家获得脸书的数据集，来研究政治操纵和虚假信息等问题。）① 换句话说，她的工作展示了社会科学如何解决现代政策问题。我希望她的擢升表明政策制定者正准备接受这些技能。

但是，为了将人类学、人种学、社会学和其他社会科学的研究与见解推向主流，并将质化和量化分析结合起来，我们还需要做得更多。本书的一个关键信息是，现在正是最需要本学科观点的时候。世界可能并不总是准备好倾听人类学家的意见——他们传达的信息和看待世界的方式常常让人感到不解。但这正是人类学的见解需要被看到的原因。我希望这本书会对此有所帮助。

---

① 这个被称为"社会科学一号"的倡议，后来在哈佛大学运行，没有实现其最初的目标。然而，它标志着当时由纳尔逊领导的社会科学研究委员会和一个科技集团之间的引人注目的新探索和合作形式。完整的细节可见 https://socialscience.one/blog/ unprecedented-facebook-urls-dataset-now-available-research-through-social-science-one。

鸣
谢

本书是由 30 年来在我与人们无数次的谈话中获取的信息与智慧结晶汇集而成。我感谢每一个在其中贡献过信息与智慧的人。

首先，我要感谢塔吉克斯坦奥比·萨菲德村的人们。20世纪 90 年代中期，他们对一个在他们那里落脚一年的陌生人如此友好，尽管我犯了许多笨拙的错误、提出过许多愚蠢的问题、舞蹈也跳得很糟糕，但他们还是热情依旧。其次，我还要感谢杜尚别大学的阿齐扎·卡里莫娃、沙希迪和努鲁拉·霍贾耶夫家族的所有成员，特别是阿亚·琼，他们教会了我很多关于韧性、文化融合和鲁米（著名波斯诗人）诗歌的知识，这使丝绸之路充满无限活力。

我非常感谢英国剑桥大学的所有教授，他们激发了我对人类学的热爱，尤其是（已故的）欧内斯特·盖尔纳、卡罗琳·汉弗莱、基思·哈特和艾伦·麦克法兰。剑桥大学的汉弗莱和詹姆斯·莱德洛阅读了本书的部分内容并发表了评论。凯斯·哈特不厌其烦地提供了各种丰富的想法和挑战。

近期，我从与 EPIC、数据与社会、商业人类学峰会、社会科学论坛和美国人类学协会有关的美国和英国人类学家的对话中受益匪浅；在这方面，我特别要感谢埃德·利博、伊丽莎白·布里奥迪、帕特里夏·恩斯沃思、格兰特·麦克拉肯、罗伯特·马勒菲特、（已故的）吉蒂·乔丹、凯特林·扎卢姆、西蒙·罗伯茨、梅丽莎·费舍尔、罗伯特·莫赖斯、格雷格·乌尔班和丹娜·博伊德。其中许多人还对手稿提出了非常深刻的意见。丹尼·戈罗夫和克里斯蒂安·马德斯比耶也提供了相当多的灵感。

多年来，我在《金融时报》(FT)一起共事的同事一直是我的好朋友兼合作伙伴；其中特别要感谢安德鲁·埃奇克里夫·约翰逊、艾米利亚·米查苏克、埃德·卢斯、格温·罗宾逊、亚历克·拉塞尔、罗伯特·斯里姆斯利，以及由比利·瑙曼、帕特里克·坦普尔·韦斯特、克里斯汀·塔尔曼组成的"道德财富"团队。我也非常感谢日经公司（FT 母公司）的领导层，特别是他们对"道德财富"的支持，包括：莱昂内尔·巴伯（前 FT 总编辑）、卢拉·哈拉夫和帕特里克·詹金斯的支持，当然还有马丁·沃尔夫。

除上述人员外，吉姆·斯沃茨、艾米莉·卡斯雷尔、乔恩·西利·布朗、凯·阿莱尔和克里斯蒂安·马德斯比耶也阅读了本书，并提出了重要的意见。菲尔·苏尔斯、多罗特·塞克利和 FT 的同事拉纳·法鲁哈尔、安德鲁·埃德克里夫·约翰逊、艾米利亚·米查苏克、理查德·沃特斯、贾米尔·安德里尼和安吉丽·拉瓦尔也对部分内容提出了有益的意见。埃洛迪·马兰做了许多的事实调查。感谢我的兄弟——理查德，他一直是我的精神支柱；我还要感谢我的父亲彼得和母亲罗娜，我对斯沃茨家族深表感谢。我还从朋友那里得到了巨大的支持，这些朋友包括（不分先后，不含姓氏）：拉娜，玛丽琳，维琪，夏洛特，史蒂芬，艾琳，凯里，提姆，盖里，理查德，约翰，何丽，扎克，尤瑟，露西，阿曼达，罗尔夫，艾弗孙，西蒙，朱莉，索菲，凯文，克里斯蒂娜，保罗，乔西，等等。我的经纪人阿曼达·乌尔班一直很支持这个项目，即使在我（很糟糕地）努力解释为什么我想写人类学这个奇怪的世界的时候。本·勒南是一位出色而耐心的编辑，他的努力极大地改进了这本书，罗文·波切斯也提供了宝贵的反馈。如果我忘了感谢谁，我很抱歉；这要归咎于疫情期间写书的压力和政治动荡。如有任何失误，都是我自己的错误。

我想感谢在我早年生活中发挥重要作用的两位了不起的女性：我的姑祖母露丝·泰特和我的祖母乔伊·卡利·瑞德，她们激发了我寻求冒险的欲望。如果她们晚 50 年出生，并拥有我这些有幸拥有的机会，她们可能也会成为人类学家。

最后也是最重要的，我必须感谢我了不起的女儿，阿娜莉斯和海伦。在母亲是人类学家兼记者的情况下成长并不容易，她们的童年经历了一些意想不到的转折，但她们都带着非凡的幽默感、坚韧不拔的精神和正在萌发的人类学视野成长起来了。我希望她们能利用好这些长处，帮助同龄人建立一个包含更多同理心、开放的好奇心、自我反省和智慧的世界。因为我们需要它。